应用波浪理论实现定量化结构交易

夏经文◎著

图书在版编目（CIP）数据

应用波浪理论实现定量化结构交易／夏经文著．—北京：
地震出版社，2023.3

ISBN 978－7－5028－5499－7

Ⅰ.①应… Ⅱ.①夏… Ⅲ.①波浪－理论－应用－股票交易－研究 Ⅳ.①O353.2②F830.91

中国版本图书馆 CIP 数据核字（2022）第 198533 号

地震版 XM4982/F(6322)

应用波浪理论实现定量化结构交易

夏经文 著

责任编辑：范静泊

责任校对：鄂真妮

出版发行：地 震 出 版 社

北京市海淀区民族大学南路 9 号　　邮编：100081

发行部：68423031　68467991　　传真：68467991

总编室：68462709　68423029

证券图书事业部：68426052

http://seismologicalpress.com

E-mail：zqbj68426052@163.com

经销：全国各地新华书店

印刷：河北盛世彩捷印刷有限公司

版（印）次：2023 年 3 月第一版　2023 年 3 月第一次印刷

开本：787×1092　1/16

字数：218 千字

印张：12.5

书号：ISBN 978－7－5028－5499－7

定价：50.00 元

前　言

波浪理论是资本市场中，应用最广泛、最实用的一种技术分析方法。笔者将自创的“二波结构”中“同级别推调比”概念引入波浪理论，经过多年的实践，总结出一套系统完整的定量化交易方法。该方法是通过计算波浪理论5-3结构中，浪与浪之间的空间、时间比例关系而实现的。计算内容包含：①应用“初始波理论”计算价格的空间结构；②应用“同级别推调比”概念计算5-3结构中推动浪与调整浪的时空比例关系；③计算推动浪与推动浪之间的比例关系。计算结果是判断价格的空间结构、形态结构是否完美的依据，是决定后市如何交易的基础。通过应用波浪理论寻求趋势、空间、形态达到一致性结论，计算上涨或调整目标位置与5-3形态结构的和谐共振来判断某一波行情的终结点，以此达到我们能够使用数学计算来进行定量化交易的目标。

本书从实战出发，针对波浪理论中的关键问题，进行了全面梳理，并逐一给出通俗的解释，条理清晰，应用方法简洁。即使是“小白”也会很容易学懂弄通。价格形态结构是价格空间与时间共同运动轨迹，形态、空间、时间可以说是价格形态结构的三要素。而在波浪理论众多书籍中都只侧重形态结构，缺少对时空的论述，这一点还是江恩理论更科学些。

本书在波浪理论的论述上，至少有三个与众不同或者说创新的地方：

(1) 应用自创的“二波结构”理论，全面解释艾略特波浪理论中并未说明的两个问题：①4浪不能与1浪重叠；②5浪失败与扩展的逻辑关系。

(2) 在浪级划分上，笔者提出了从最大级别、原始起点开始划分，逐层、逐步划分到当下交易级别，最小可以划分到5分钟级别。这种划分方法从根本上解决了“千人千浪”问题。

(3) 将“同级别推调比”概念引入波浪理论，并结合初始波空间分析，总结出一套系统完整的定量化交易方法。

上述三条即便你是市场中的老手或专业分析人士，也是有极大的参考价值。波浪理论最大的应用价值是对当下价格所处的位置进行定位。明确了价格当下的位置，就可以对价格走势逐级地展开分析研究，交易就会变得顺畅轻松。事实上，波浪理论的应用很简单，只要找到正确的起始点，搞清楚三个维度、三个铁律、三个阶段、四个指南这几个方面，就可以说是基本掌握了波浪理论，关键是灵活运用，不能死数浪，也不能仅凭波浪理论做出交易决定，最起码要结合趋势应用波浪理论。无论什么技术分析理论和方法，趋势分析都是第一位的，数浪、划浪也是一样，尤其是当你数不清楚的时候，价格只要遵循趋势，不必纠结其中什么形态有几浪，价格形态在没有走完的时候，是看不清楚的。

最后就是重视操作计划，操作计划必须落到纸面上。也就是说，你必须有一个炒股的日记。内容很简单，含分析周期、交易周期、买卖点、加仓减仓点、止损止盈点以及对基本面、对大周期及交易周期的趋势分析；买入后就要对所持有股票每日走势及基本面变化的监测，要保持开放的思维模式，时刻明确知道当下价格所处的位置。每天都要对价格走势、股价人气及基本面的变化做出简单的分析，并以日记的形式记录下来。还有一个相当重要的问题，就是一定要有应急预案，当价格走势与你的操作趋势相反时，如何减仓，减多少，什么价位止损都要认真写在纸上。时常进行交易记录反思，反思记录对于提高个人的操作水平有着相当重要的作用，是花钱买来的，是认识自己的一个过程。

本书是笔者第二本著作，之前还有一本姊妹篇《WZ定量化结构交易法》，主要论述的是空间结构分析。为了让更多的投资人了解本方法，从7月开始笔者在抖音上讲解上证指数走势，分析的结果却是通过计算和综合评定得出的。方法简单、精准、实用，敬请读者朋友多加关注。由于笔者文字水平有限，读者若发现书中有文字或语言逻辑上的错误，请不吝赐教并联系笔者（微信：15542727125，抖音：38530032086），感谢之外笔者将有惊喜回赠。

目　录

第一章

波浪理论的基本思想与结构

波浪理论是资本市场中应用最广泛、最实用的一种技术分析方法。艾略特波浪理论中三段式的波浪前进，符合事物发生、发展和消亡的三个基本过程。在学习波浪理论之前，笔者认为投资者必须明确股票市场价格的运动是有规律可循的，而这种客观规律是可以被我们通过某种手段认识的，艾略特波浪理论的基本思想以及他的5-3形态结构就是我们认识股票市场规律的最有效工具之一。

第一节　波浪理论的形成历史及基本思想

一、波浪理论形成的历史简述

波浪理论的全称是艾略特波浪理论，是以美国人 R.N.Elliott 的名字命名的一种技术分析理论。创始人艾略特原本在一家美国铁路公司，担任会计工作，这段时间，他因在会计工作的专业表现而赢得美名，被美国国际计划局所赏识，成为美国国际计划局的一员。1927 年，艾略特由于患病回到加利福尼亚家乡，58 岁的艾略特虽然有病休养，却凭着天生所具有丰富的冒险精神及行动力，一头扎进了证券市场做起了投资行为研究工作。艾略特在疗养期间收集了 75 年来美国证券市场指数的数据，对年线、月线、日线及小时线的走势进行了深入详细的研究，历时三年，最终发现了波浪理论，并因在 1935 年判断股市大跌而名声大振。他去世后，该理论尘封多年，20 世纪 70 年代，柯林斯的专著《波浪理论》出版后，才使波浪理论正式作为技术分析的面孔登上证券市场的技术分析舞台。后因罗伯特的发掘研究并据此神奇预测出 20 世纪 80 年代大牛市，而满血复活并风靡至今。

波浪理论的形成是经过一个较长时间的过程，在艾略特之后，也有很多的研究人员为波浪理论的建立做出了突出贡献。柯林斯、小罗伯特就是总结了后人的研究成果，并在此基础上逐步完善和发展了波浪理论。

二、波浪理论的基本思想

艾略特最初发现波浪理论是受到价格上涨下跌现象的不断重复，就像大海的波涛一样的启发，力图找出其上升和下降的规律。我们大家都知道社会经济的发展有一个经济周期的问题，价格的上涨和下跌也应该遵循这一周期发展的规律。不过价格波动的周期规律同经济发展的循环周期是不一样的，不是简单的一个数字，要复杂得多。

艾略特最初的波浪理论是以周期为基础的。他把周期分成时间长短不同的各种周期，指出在一个大周期中可能存在小的周期，而小的周期又可以再细分成更小的周期。每个周期无论时间长短，都是以一种相同的运动模式进行。这个模式就是波浪理论的核心——8 浪过程。每个周期都是由上升（或下降）的 5 个过程和下降（或上升）的 3 个过程组成。这 8 个过程完结以后，我们才能说这个周期已经结束，将进入另一个周期。新的周期依然遵循上述模式。这就是艾略特波浪理论的核心内容，也是艾略特作为波浪理论的奠基人所做出的最为突出的贡献。

与波浪理论密切相关的除了周期以外，还有道氏理论和斐波那契数列。这个在本书趋势划分的课程中将有详细论述。

道氏理论的主要思想是：任何一种价格的运动都包含三种形式的运动：原始运动；次级运动；日常运动。这三种运动构成了所有形式的价格运动，原始运动决定的是大趋势，次级运动决定的是大趋势中的小趋势，日常运动则是在小趋势中更小的趋势。

艾略特的波浪理论中的大部分理论是与道氏理论相吻合的，不过艾略特不仅找到了这些运动，而且还找到了这些运动发生的时间和位置。这是波浪理论较之于道氏理论更为优越的地方，道氏理论必须等到新的趋势确立以后，才能发出行动信号，而波浪理论可以明确地知道目前是处在上升（或下降）的尽头，或是处在上升（或下降）的中途，可以更明确地指导操作。

艾略特波浪理论中所用到的数字都是来自斐波那契数列。这是一个很有名的数学数列，有很多的特殊性质，是自然法则的体现，在实际应用中相当广泛。

第二节　波浪理论的主要原理

一、波浪理论考虑的因素

波浪理论考虑的因素主要是三个方面：价格走势所形成的形态；价格走势图中各个高点和低点所处的相对位置；完成某个形态所经历的时间长短。

三个方面中，价格的形态最为重要，它是指波浪的形状和构造，是波浪理论赖以存在的基础。或许当初艾略特就是从价格走势的形态中得到启发才发现了波浪理论的。

高点和低点所处的相对位置是波浪理论中各个浪的开始和结束位置，划分每一个浪时都要遵循道氏有关趋势的定义。通过划分这些位置，可以弄清楚各个波浪之间的相互关系，确定价格的回撤点和将来价格可能达到的位置。

完成某个形态的时间可以让我们预先知道某个大趋势即将来临。波浪理论中各个波浪之间在时间上是相互联系的，用时间可以验证某个波浪形态是否已经形成。

以上三个方面可以简单地概括为：形态、黄金比例和时间。这三个方面是波浪理论首先应考虑的，其中，以形态最为重要。有些使用波浪理论进行技术分析的人，只注重形态和比例，而对时间不予考虑，因为他们认为时间关系在进行市场预测时不可靠。“波浪理论”的书籍中讲到时间方面的也非常少，本书依据作者多年对波浪理论的学习与实践经验，对波浪理论的时间问题做了详细论述。下面通过实际例子讲解一下形态、黄金比例和时间三种因素在实际分析中的应用。

如图 1－1 所示，2018 年 10 月 19 日中科创达创出 20. 48 元低点，之后开始上升，2019 年 3 月 6 日创出 1 浪高点 39. 49 元，涨幅 19. 23 元。2 浪回调低点 25.51 元，3 浪高点 79.55 元，3 浪涨幅 54.39 元。

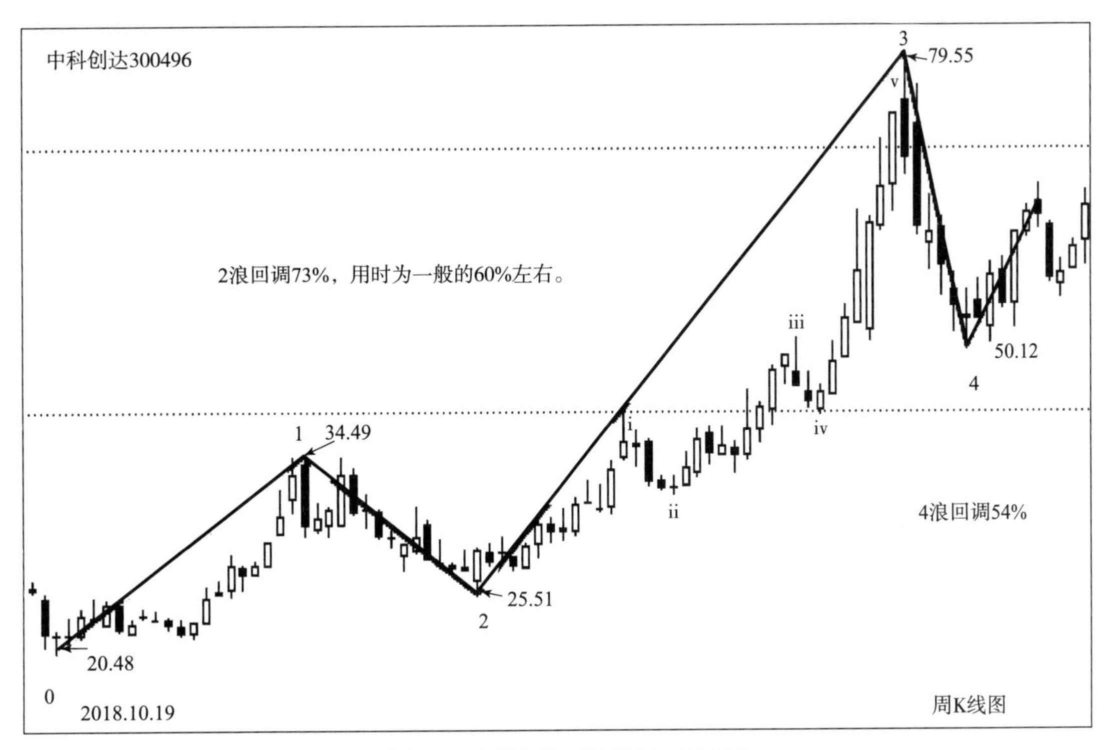

图 1-1　中科创达周线级别五浪上涨

当价格突破 2 浪调整压力线时，2 浪的子浪恰好完成 5-3-5 形态结构，回调幅度是 1 浪的 73%，用时是 1 浪的 60% 左右。三个因素均满足 2 浪结束条件，因此，突破后产生的 3 浪 ii 是极佳的介入点。

当 3 浪到达 79.55 元调整跌破上升趋势线，我们计算一下，3 浪的上涨幅度已经达 1 浪的 261.8% 以上，3 浪从内部子浪形态和黄金比例上已经完成延长浪走势，从时间上也恰好是 1 浪和 2 浪的时间之和。因此，可以判断 3 浪结束，4 浪调整以及 5 浪的判断也是如此。

二、波浪理论价格走势的基本结构

艾略特认为证券市场应该遵循一定的周期，周而复始地向前发展，价格的上下波动也是按照某种规律进行的。通过多年的实践，艾略特发现每一个周期，无论是上升还是下降，可以分成 8 个小的过程，这 8 个小的过程一结束，一次大的行动就结束了，紧接着是另一个大的行动。图 1-2 是一个上升阶段的 8 个浪的全过程。

如图 1－2 所示，1 浪、3 浪、5 浪是上升推动浪，a 浪和 c 浪是下降推动浪。2 浪、4 浪和 b 浪是调整浪。

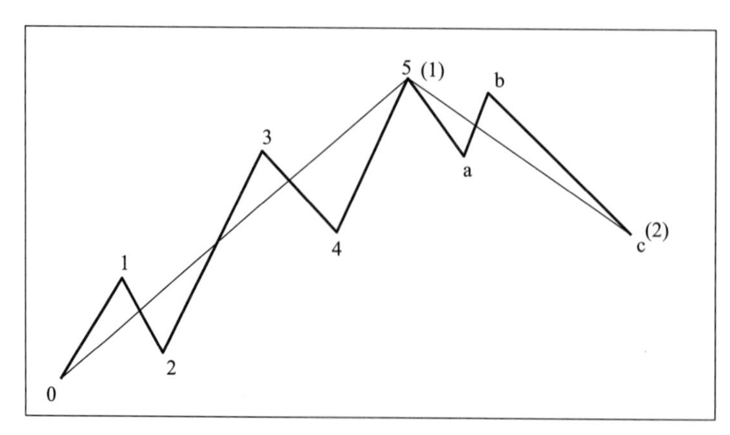

图 1－2　8 浪结构的基本形态图

考虑波浪理论必须弄清楚一个完整周期规模的大小，因为趋势是有层次的，每个层次的不同取法，可能会导致我们在使用波浪理论时发生混乱。但是，我们应该记住，无论我们所研究的趋势是何种规模，是原始主要趋势还是日常小趋势，8 浪的基本形态结构是不会变化的。从起点 0 到 5 浪终点我们可以合并成为一个大趋势的（1）浪，而从 a 浪到 c 浪我们可以合并成为一个大趋势的下降调整浪。如果我们认为这是（2）浪的话，那么 c 浪之后一定会有一个上升的过程，只不过时间可能要等得长一些。这里的（2）浪只不过是一个大 8 浪结构的一部分。

三、浪的合并和浪的细分：波浪的层次

波浪理论考虑价格形态的跨度是可以随意而不受限制的，大到可以覆盖从有交易以来的全部时间跨度，小到可以涉及数小时、数分钟的价格走势。

正是由于上述的时间跨度不同，在数 8 浪时，必然会涉及将一个大浪分成很多小浪和将很多小浪合并成一个大浪的问题，这就是每一个浪所处的层次的问题。

处于层次较低的几个浪可以合成一个层次较高的大浪，而处于层次较高的一个大浪又可细分成几个层次较低的小浪。当然层次的高低和大浪、

小浪的地位是相对的。对其他层次高的浪来说，它是小浪，而对层次比它低的浪来说，它又是大浪。

如图 1－3 所示，以上升牛市为例，说明波浪细分和合并的原则。从图中可以看出，规模最大的两个浪，从起点到顶点是第（1）浪，从顶点到末点是第（2）浪，（2）浪是第（1）浪的调整浪，第（1）浪和第（2）浪又可以细分成 1、2、3、4、5 五波上升子浪和 A、B、C 三波调整子浪。合计 8 浪，这 8 浪是规模处于第二层次的大浪。

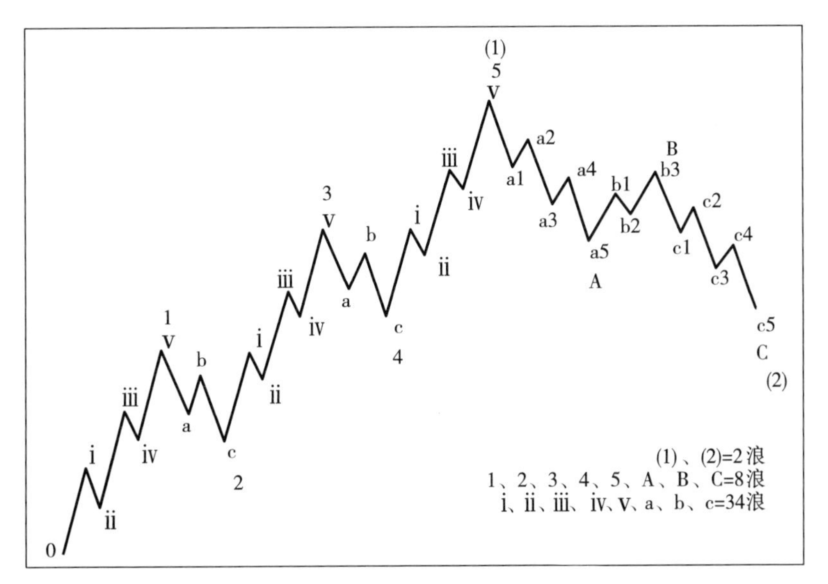

图 1－3　波浪的合并与细分

第二层次的大浪又可细分成第三层次的小浪，例如 3、4 浪的子浪 ⅰ、ⅱ、ⅲ、ⅳ、ⅴ 以及 a、b、c。数一下可知第三层次的小浪共 34 浪。

将波浪细分时，会遇到这样的问题，是将本大浪分成 5 个较小的浪，还是分成 3 个较小的浪？这个问题一是看本大浪是处于上升还是下降，二还要看比本大浪高一层次的波浪是上升还是下降。上述两个因素决定本大浪的细分是 3 浪还是 5 浪，具体如下：

（1）本大浪是上升，上一层的大浪是上升，则本大浪分成 5 浪。

（2）本大浪是上升，上一层的大浪是下降，则本大浪分成 3 浪。

（3）本大浪是下降，上一层的大浪是上升，则本大浪分成 3 浪。

（4）本大浪是下降，上一层的大浪是下降，则本大浪分成 5 浪。

换句话说，如果（1）浪的上升和下降方向与上一层次的浪上升和下降方向相同，则分成 5 浪；如果方向不相同则分成 3 浪。例如，图 1－3 中的

（2）浪本身是下降，而（2）浪的上一层浪第（1）浪则是上升，所以，（2）分成3浪。再如A浪本身是下降的，A浪的上一层次（2）浪也是下降的，所以，A分成5浪结构。按照这一原则可以将任何一个浪进行细分。同样，不管是什么样的证券市场，按照这样的原则不断地合并下去，最终，整个过程就会被合并成1浪或是2浪。

四、斐波那契数列——波浪理论的数学基础

斐波那契数列在进行波浪理论的浪的数目的数法时，有不可忽视的作用，从图1－3中我们可以看到，（1）浪由5个浪组成，同时又由更小的21个浪组成，而（2）浪由3个浪组成，同时又由更小的13个浪组成。（1）浪和（2）浪由2个浪组成，又由8个较大浪的组成，同时，又由34个更小的浪组成。如果将最高层次的浪增加，例如增加（3）浪、（4）浪、（5）浪、（A）浪、（B）浪、（C）浪，则我们可以看到比34更大的斐波那契数列数字。

这里的数字2、3、5、8、13、21、34……都是斐波那契数列中的数字。它们的出现不是偶然，是艾略特波浪理论的数学基础，正是在这一基础上才有波浪理论往后的发展。

第三节　波浪理论的应用及其不足

一、波浪理论的实际应用

上面讲了一个大的周期的运行的全过程，就可以很方便地对大势进行预测。首先，我们要明确当前价格所处的位置，只要明确了目前的位置，按波浪理论所指明的各种浪的数目，就会很方便地知道下一步该干什么。

要弄清价格目前的位置，最重要的是认真准确地识别3浪结构和5浪结构。这两种结构具有不同的预测作用。一组趋势向上（或向下）的5浪结构，通常可能是更高层次的波浪的1浪，好戏还在后头，中途若遇调整，我们就知道这一调整肯定不会以5浪的结构而只会以3浪的结构进行。一旦调整完成3浪结构，我们绝不会再继续等下去，而是会立即采取行动，买入或卖出。如果我们发现了一个5浪结构，而且目前处在这个5浪结构的末尾，我们就清楚地知道，一个3浪的回头调整浪正在等着我们，我们应该立即采取行动。如果这一5浪结构同时又是更高一层次波浪的末尾，则我们就必须知道一个更深的更大规模的3浪结构调整将要出现，这时采取行动是非常必要的。

上升5浪，下降3浪的原理也可以用到熊市中，这时结论变成下降5浪，上升3浪，例如图1－3中的a和b。不过，证券市场的价格指数都是不断上升的，从开始时的100点，逐步上升到上千点，上万点，这样一来，把市场处于牛市看成市场的主流，把熊市看成市场调整就成了一种习惯。正是由于这个原因，在大多数的书籍中，在介绍波浪理论时，都以牛市为例，上升5浪，下降3浪成了波浪理论最为核心的内容。读者应当注意避免错误认识波浪理论，下降5浪上升3浪也是可以出现的。

二、波浪理论的主要规则

（1）一个完整的上升或下降周期由 8 浪组成，其中 5 个浪是主推动浪，3 个浪是调整浪。

（2）每个波浪可以合并成一个高层次的浪，一个波浪也可以细分成时间更短，层次更低的若干小浪。这就是所谓的浪中有浪。

（3）波浪的细分和合并应按照一定的规则。

（4）完整周期的波浪数目与斐波那契数列有密切的关系。

（5）所有的浪由两部分组成：主浪；调整浪，即任何一浪要么是主浪，要么是调整浪。

三、波浪理论的不足

前面简单介绍了波浪理论的主要思想及内容，从表面上看，波浪理论会给我们带来利润，但是从波浪理论自身的构造我们会发现它的众多的不足。如果使用者过分机械，过分教条地应用波浪理论，肯定会招致失败。下面依据我们在应用中遇到的问题，提出波浪理论的几个不足，以便读者在应用中加以注意，以免出现大错。

波浪理论最大的不足是应用上的困难，也就是学习上和掌握上的困难。波浪理论从理论上讲是 8 浪结构完成一个完整的过程。但是，主浪的变形和调整浪的变形，会产生复杂多变的形态，波浪所处的层次又会产生大浪套小浪，浪中有浪的多层次变形态，这些都会给应用者在具体数浪时造成发生偏差的可能。浪的层次的确定和浪的起点的确定是应用波浪理论的两大难点。

波浪理论的第二个不足是面对同一个形态，不同的人会产生不同的数法，而且都有道理，谁也说不服谁。我们知道，不同的数浪法产生的结果相差可能是很大的。例如，一个下跌的浪可能被当成第 2 浪，也可能被当作 a 浪，如果是第 2 浪，那么，紧接而来的 3 浪是很诱人的。如果是 a 浪，那么，之后的 c 浪下跌可能是很深的。这种现象的原因主要有两方面：

（1）价格曲线的形态通常很少按 5 浪和 3 浪的 8 浪简单结构进行，对于不是这种规范结构的形态，不同的人有不同的处理，主观性很强。对于有些小波动有些人可能不计入浪，有些人可能又计入浪。由于有延伸浪，5浪可能成为9浪。波浪在什么条件下可以延伸，什么条件下不可以延伸，没有明确标准，用起来随心所欲，仁者见仁，智者见智，很难统一。

（2）波浪理论中的大浪小浪是可以无限延伸的，长的可以好多年，短的可以只有几天。上升可以无限制地上升，下跌也可以无限制地下跌，因为，总是可以认为目前的情况不是最后的浪。

波浪理论只考虑了价格形态上的因素，而忽略了空间结构、时间周期以及成交量方面的影响，这给人为制造形状提供了机会。正如在形态学中的假突破一样，波浪理论中也可能造成一些形态，让人上当。当然这个不足是很多技术分析方法都有的。

在应用波浪理论时，我们会发现，当事情过去以后，回过头来观测已经走过的图形，用波浪理论的方法是可以完美地将其画出来的。但是，在形态形成的途中，对其进行波浪的划分是一件很困难的事情。

波浪理论从根本上说是一种主观的分析工具，这给我们增加了应用上的困难，笔者的观点是，任何单方面的分析工具都是有缺陷性的。价格形态结构是空间与时间的轨迹，只注重形态去数浪，丢掉空间与时间这两个重要因素，出错的概率肯定要大。这也是过去，在大多“波浪理论”书籍中，对波浪理论的讲解不够全面的缘故。

第二章

调整浪与推动浪

价格运动的本质是多空双方博弈的一个过程，博弈中推动主趋势的浪称为推动浪，与主趋势相反的运动浪称为调整浪，由推动浪与调整浪构成了一个最基本的、完整的多空循环结构，因此，推动浪与调整浪是价格运动的最基本组件，是我们学好、用好艾略特波浪理论的基础。

第一节　波浪的命名

我们应用波浪理论划分各个层次浪，必须给每一个层次浪都起一个名字，以分辨价格走势中的波浪运动的不同层次。这样就可以把任何一个级别的波浪与其他更低或更高浪级的波浪区分开来。出于实践应用的需求，这种划分标注将贯穿我们整个技术分析过程。表2-1中的浪级就是按照从低到高所进行的排列，某一级中的5浪组成更高浪级中的第1浪。例如，5个子浪组成中浪运动的第1浪，5个中浪等于一轮基本浪运动的第（1）浪，依此类推。

表2-1　波浪的命名

浪级名称	字母符号	交易级别
子浪	ⅰ、ⅱ、ⅲ、ⅳ、ⅴ、a、b、c	30分钟级别
中浪	1、2、3、4、5、A、B、C	日线级别
基本浪	(1)、(2)、(3)、(4)、(5)、(a)、(b)、(c)	周线级别
循环浪	(一)、(二)、(三)、(四)、(五)、(A)、(B)、(C)	月（季）线级别

波浪的命名标注看似简单，实际中是学好波浪理论的基础，学习应用波浪理论一开始必须养成好的习惯，采用标准标注，名称必须标注在某一波浪的末端。

如图2-1所示，中科创达日线级别（中浪）五波上升走势，日线级别5浪合并组成大一级的（1）浪（基本浪），日线级别的5浪又可细分为21个子浪。

波浪并非基于特定的价格或时间长度，而是基于形态，形态是价格和时间共同作用的轨迹。笔者提倡将浪级从最大级别开始划分，直至划分到交易级别上，交易级别一般以30分钟级别为基础，在其子浪上找买卖点开始交易。30分钟级别8浪结构走完，升级为中浪级别的1浪、2浪，至于能不能走出3浪还得看基本面，不能认为2浪完成，就一定走出3浪。

图2－1　中科创达日线级五浪上升图

第二节　同级别推调比

“同级别推调比”是应用波浪理论分析价格走势的核心基础，只有明确调整浪与推动浪的级别，以及它们之间的比例关系，才能正确地划分各个级别的波浪，达到正确数浪的目的，才能找出正确的起点，找出当下价格所处的级别位置。

研究“同级别推调比”主要有三方面：①形态结构上的划分；②同级别调整浪相对推动浪调整的空间比例关系；③同级别推动浪与调整浪的时间比例关系。下面我们就从这三方面论述一下。

一、同级别推调比

同级别推调比：笔者将同级别的调整浪相对推动浪，在时间与空间上的回调比例关系称作“同级别推调比”。在艾略特的 5 - 3 结构中，可以找到 4 组同级推动浪与调整浪：2 浪对 1 浪的调整；4 浪对 3 浪的调整；b 浪对 a 浪的调整；（2）浪对（1）浪的调整，见图 2 - 2。

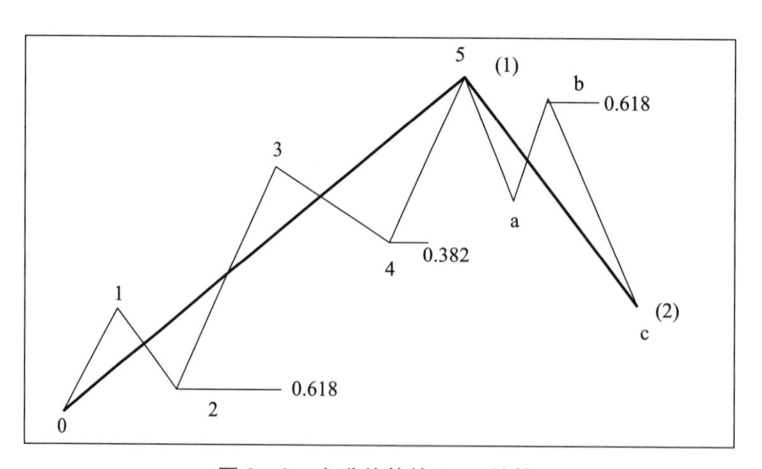

图 2 - 2　上升趋势的 5 - 3 结构

二、同级别调整浪相对推动浪的回调比例关系

在艾略特波浪理论 5－3 结构中，同级别调整浪的回撤比例分别是：

（1）2 浪对 1 浪的回撤比例正常为 0.618～0.809。

（2）4 浪对 3 浪的回撤比例正常为 0.380～0.5。

（3）锯齿形（双锯齿形）的 b 浪对 a 浪的回撤比例正常为 0.618～0.7。

三、同级别调整浪相对推动浪的时间比例关系

1. 时间＝价格，江恩关于时间价格的论述

在艾略特波浪理论中，有关时间的论述，可以说是一笔带过。对于时间，笔者认为江恩对时间周期的论述是确切的。江恩认为在一切决定市场趋势的因素中，时间因素是最重要的一环。江恩进一步解释说：时间可以超越价位平衡——江恩理论专有名词，也就是所谓的“市场超越平衡”；当时间到达成交量将增加，而推动价格升跌。

下面笔者再做进一步的解释。

（1）当市场在上升趋势中，若是调整的时间较之前的同级别调整时间都长，表示本次市场下跌已经升级，行情即将进入转势，若价格下跌的幅度较之前的同级别调整幅度都大，表示市场已经进入转势阶段，见图 2－3。

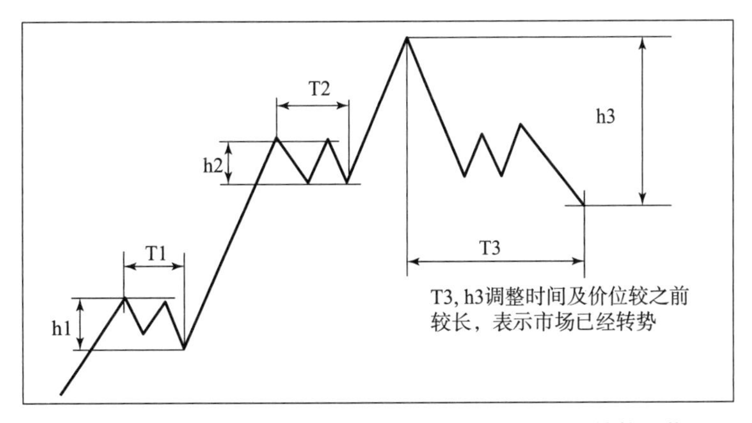

图 2－3　市场的时间及价位超越平衡，表示市场转势回落

（2）当市场在下跌的趋势中，若市场反弹的时间第一次超过之前的同级别反弹时间，表示反弹行情已经升级，市场行情即将转势。同样，若市场反弹的价位幅度超越之前的同级别反弹幅度，反弹价格突破之前最后一波下跌行情的起点，表示价位或空间已超越平衡，转势已出现，见图 2－4。

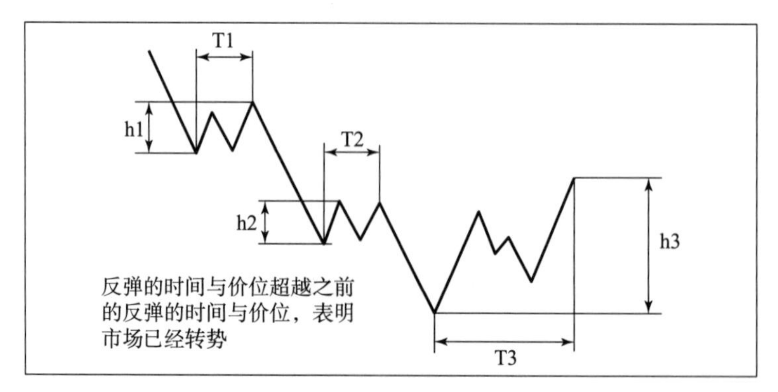

图 2－4　下跌趋势时间与价位

2. 同级别推动浪与各个调整浪之间的时间要求

价格形态是由价格与时间共同运行的轨迹，缺少时间的数浪注定是半成品，所以，研究同级别推调比也好，判断划分 5－3 结构数浪也罢，我们必须考虑调整浪的调整时间，笔者依据江恩关于价格趋势运行时间上的论述，经过多年的实践与总结，对调整浪的运行时间提出如下要求，供读者在判断划分 5－3 结构以及数浪时参考。

（1）2 浪的时间要求。

2 浪的时间最长不能超过 1 浪的 2 倍，如果 2 浪运行时间超过 1 浪的 2 倍，那么，就绝对不是 2 浪，而是原始下跌趋势中的 B 浪反弹。如果发现 2 浪运行时间超过 1 浪的 2 倍，说明之前的数浪是错误的，见图 2－5。

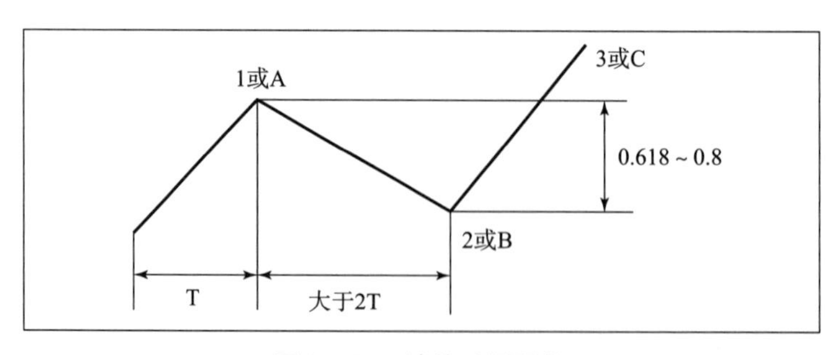

图 2－5　2 浪的时间要求

（2）3浪中的ⅱ浪的运行时间要求。

3浪中的ⅱ浪的运行时间绝对不能大于2浪的运行时间，如果发现3浪中的ⅱ浪的运行时间（T2）大于2浪的运行时间（T1），那么，3浪中的（ⅱ）浪就会演变成平台形的B浪走势，见图2-6的细线部分。

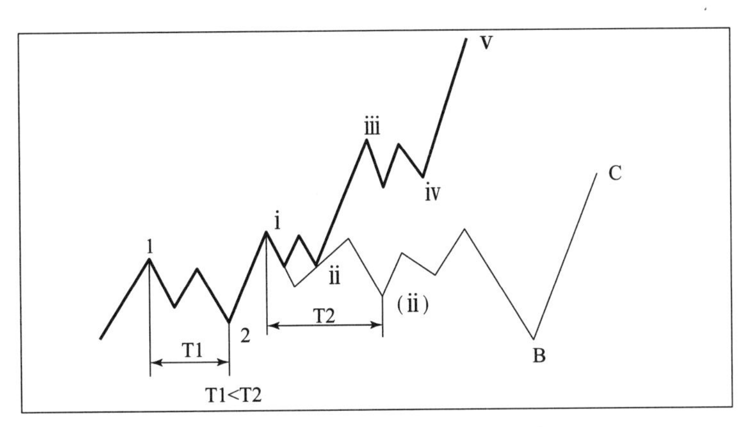

图2-6 3浪中的ⅱ浪的时间要求

（3）4浪运行时间要求。

4浪的运行时间只跟自身内部结构有关，由于3浪的快速拉升，4浪往往整理时间很长。

（4）5浪中的ⅳ浪的运行时间要求。

5浪中的ⅳ浪的运行时间绝对不能大于4浪的运行时间，如果发现5浪中的ⅳ浪的运行时间大于4浪的运行时间，那就说明前面的数浪是错误的，当下根本不是5浪，而是4浪的延续，是4浪还没有走完。

（5）MACD顶（底）背离时间周期。

ⅰ. 当日线级别出现顶（或底）背离，价格出现跌破上升（或突破下跌）趋势线，将展开一段3至5周时间的调整周期，主调整段为11至13个交易日，届时如果出现60分钟底（或顶）背离，则是逢低买入的好机会，60分钟底（或顶）背离将有3至5天的反弹周期，头3天为主要反弹时间，后两天可能出现振荡。在弱势条件下，如果30分钟出现顶背离，这说明60分钟反弹结束，应逢高离场。

ⅱ. 当60分钟顶（底）背离，价格出现跌破上升趋势线，将展开3至5天调整，主调整时间为3天。

ⅲ. 当30分钟顶（底）背离，价格出现跌破上升趋势线，将展开5至8小时调整，主调整时间为5小时。

四、同级别推调比的应用

我们在本节开头时讲了，同级别推调比是应用波浪理论分析价格走势的核心基础。同级别推调比是指相同级别的推动浪与调整浪之间的关系，也就是说调整浪是对同级别推动浪的调整，这个概念相当重要，一定要搞清楚。

1. 同级别推调比在5－3结构上的应用

如图2－7所示，在周K线图上，周线级别的调整浪（2）与推动浪（1）是同级别，调整浪（2）相对推动浪（1）的回调比例是61.8%～80%。而日线级别（周线级别的子浪）的推动浪1和调整浪2是同一个级别，调整浪2相对于推动浪1的回调比例是61.8%～80%；调整浪4对同级别推动浪3的回调比例约38.2%～50%。这里新易盛4浪只回调44.50%，表示价格走势属于正常走势。

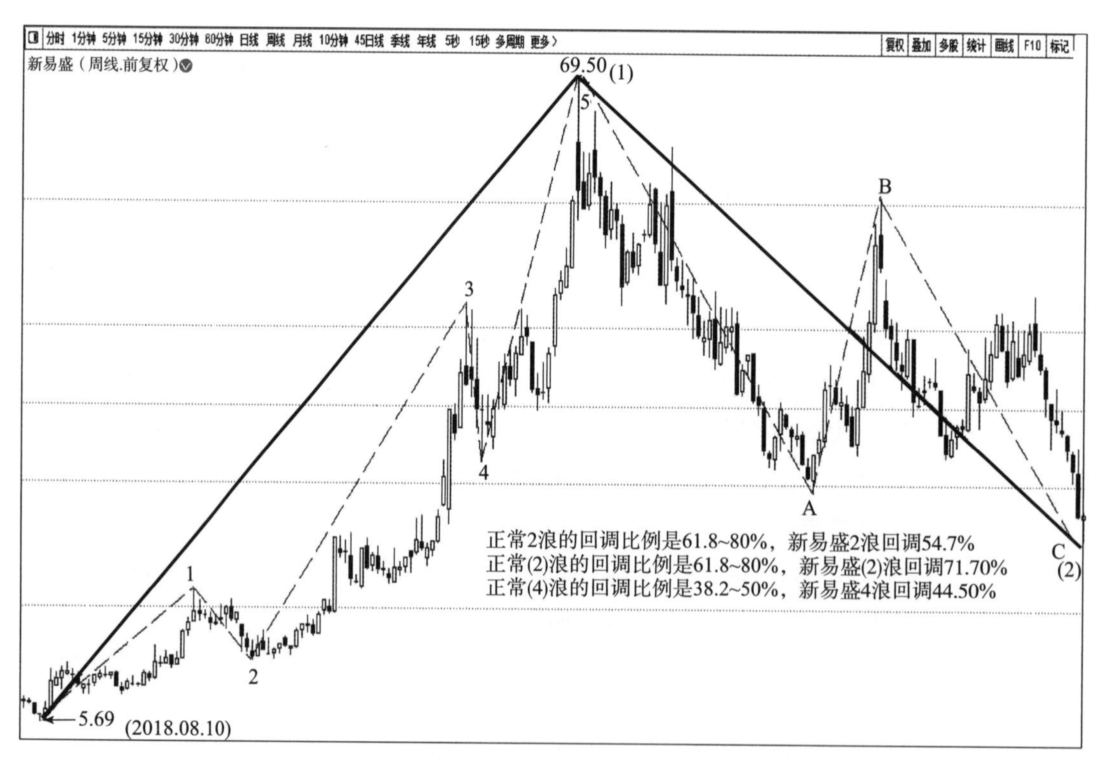

图2－7　同级别调整浪与推动浪的调整比例应用

新易盛2018年8月10日创出低点5.69元；2019年3月8日完成1浪，高点16.71元；5月24日完成2浪调整，终点10.68元；2020年2月28日完成3浪，高点40.67元；3月20日完成4浪调整，低点27.32元。2浪调整时间接近于1浪运行时间的0.618~1倍，4浪调整时间接近于3浪运行时间的0.382倍。2浪、4浪调整时间都比正常调整时间短，表示新易盛走势强劲。

2. 同级别推调比在分时线上的应用

如图2-8所示，光一科技分时走势图，开盘经过i浪、ii浪，走出了一个带量上涨的iii浪。这里重点观察的是ii小浪的调整，用笔算一下不到23%，价格紧贴分时均线运动，成交量萎缩至极，体现了这里的黎明静悄悄。紧接着放两次小量，价格突破分时线前i浪高点。在观察之后的调整成交量急剧萎缩，价格微弱下跌，充分体现了价格上涨意愿。经短时间的调整再次放量价格脱离均线，进入快速上涨。

观察调整浪的调整力度是判断后续走势的关键，无论在哪个周期上，只要你找到真正的起点，找到同级别推动浪与调整浪，对比推动浪与调整浪之间的比例，就可以初步判断当下趋势的强弱，下跌趋势也是同样，只是推动浪是下跌浪，调整浪是反弹浪。

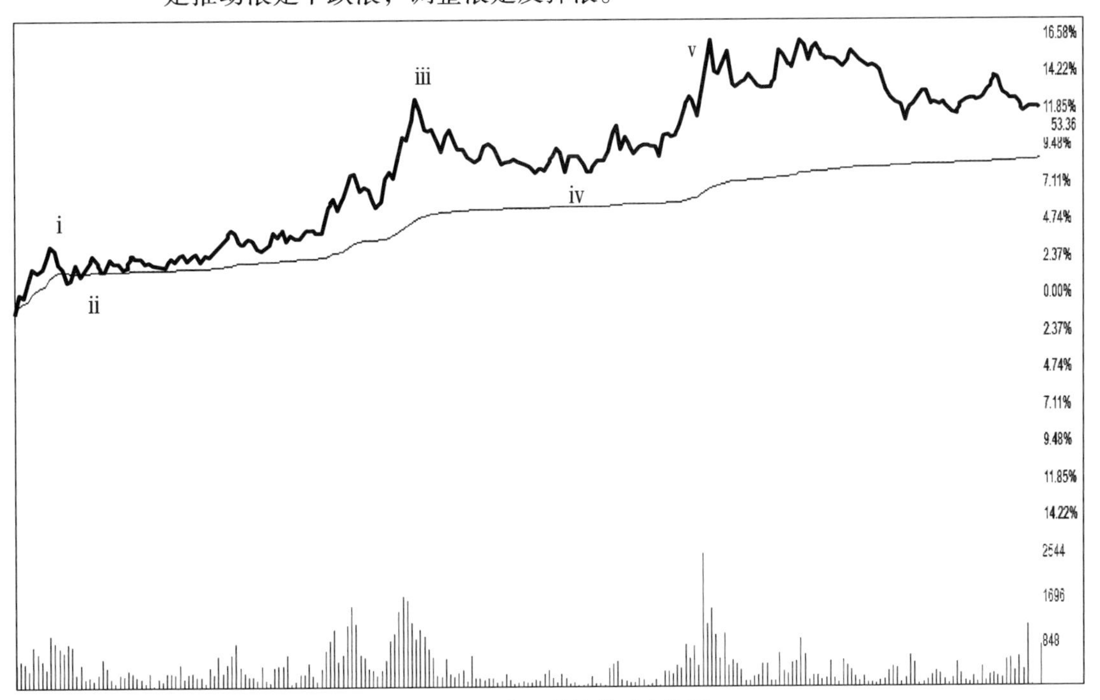

图2-8　光一科技分时走势图

如图 2 －9 所示，价格跳空低开，小幅反弹未回补缺口。注意这里是关键，跳空低开后如果迅速回补缺口，后势将走出一波低开高走的态势。如果跳空低开后，反弹力度很弱，未回补缺口，就基本确认当日走势为调整走势。图 2 －9 中小幅反弹后，又走出了一个带量的 5 波推动下跌趋势，是一个下跌信号。观察一下反弹，价格未突破前面高点，反弹至分时均线后成交量萎缩，之后紧接着又是一个 5 波下跌走势。这个走势是一个典型的分时线 5 －3 －5 锯齿形调整走势，我们在后两节将讲到这个典型的走势。

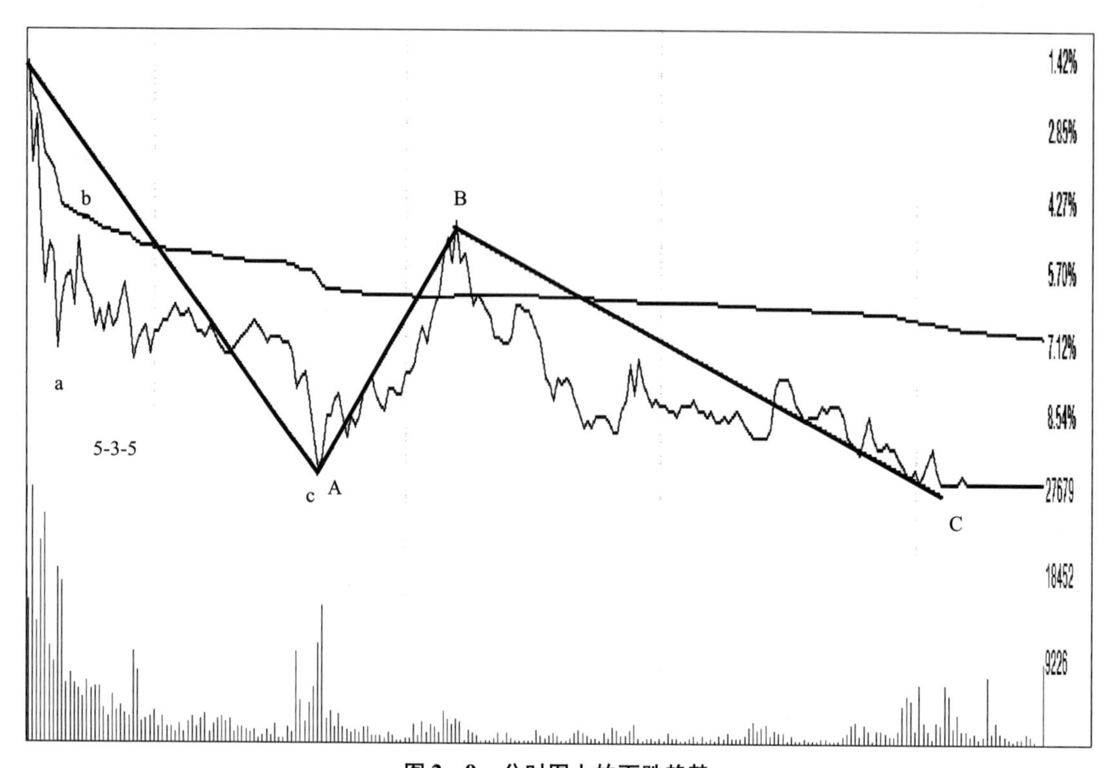

图 2 －9　分时图上的下跌趋势

第三节 调整浪形态——锯齿形与平台形

一、波浪理论学习先从形态开始

波浪理论大体上共分两种浪形：推动浪；调整浪。推动浪的波数为5波（1、2、3、4、5），调整浪的波数为3波（a、b、c），合起来共8波。

价格运动呈现8浪循环，逐级成长态势。推动浪前5段波浪呈现一个明显的上升态势，其中包括3个向上的冲击波及2个向下的调整波。在3个冲击波之后，会走出由3个波浪组成的一段下跌趋势波，是对前面5段波浪上升的总调整。这就是艾略特对波浪理论的基本描述。而在这8个波浪中，上升的浪与下跌的浪各4个，体现了艾略特对价格走势对称性的隐喻。

在波浪理论中，最困难的地方是：波浪等级的划分。如果要在特定的周期中正确地指出某一段波浪的特定属性，不仅需要形态上的确定，而且还需要对波浪的运行时间作出正确的判断。换句话说，波浪理论学习容易，但精通难。易在形态上的归纳总结，难在价位及时间周期的判定。因此学习波浪理论要先从形态开始，先易后难。

二、波浪理论的重要浪形模式

在波浪理论中两种浪形模式——推动浪与调整浪交替运行，逐级循环成长。在这个过程中，如果将推动浪和调整浪进一步划分，可划分为波浪的13种浪形模式，见图2-10。

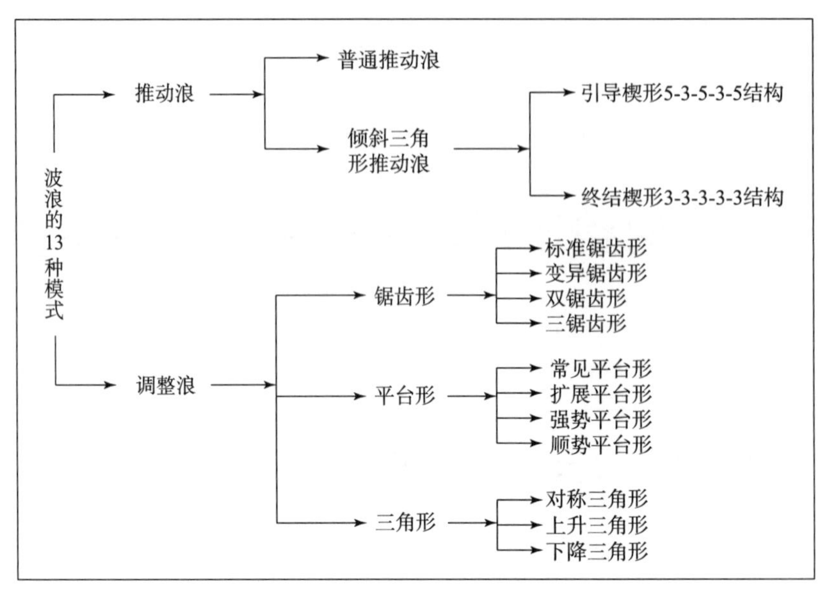

图2－10　波浪的13种浪形模式

三、最重要的两种调整浪浪形模式——锯齿形和平台形

有一点非常重要，就是要弄清楚调整浪是指某一个级别主要趋势形成后随之而伴生的一个相反的次要趋势的走势。调整浪与推动浪是相伴相生的，是成对的。这也就是我们前面讲的同级别调整浪与推动浪。分析中最重要的一点就是一定要知道这个调整浪是针对哪个推动浪的调整。否则就会导致数浪时出现混乱现象。调整浪的形态都是三波结构，所有的三波调整都标注为浪A（a）、浪B（b）、浪C（c），标注字母大小写或带括号或圈是不同级别的需要，因个人习惯而定，不过还是统一为好。浪A是第一波，浪B是对浪A的一次校正，浪C是最后一波调整，其子浪往往由5个子浪组成。

小罗伯特是这么描述调整浪的：市场逆着大一浪级趋势的运动只是一种表面上的抵抗。来自更大趋势的阻力似乎要防止调整浪发展成完整的驱动浪结构。在这两个互为逆向的浪级间的搏斗，通常是调整浪比驱动浪总是相对轻松地沿着大一浪级趋势方向流动不容易识别。作为这两种趋势间相互冲突的另一个结果，调整浪的变体比驱动浪的多得多。而且，调整浪在展开时，常常会以复杂形态上升或下降，会因其复杂性和时间跨度，显得似乎是其他浪级的一部分，也正是这些原因，使得调整浪时长要等到完全形成后才能被归入各种可识别的模式中。

由此，调整浪的结束点判定要比驱动浪的结束点难判断得多，不过调整浪也有不变的原则，那就是不会是 5 浪结构，只有驱动浪是 5 浪结构。因此，更大趋势反向运动的最初 5 浪结构永远不是调整浪的结束，而仅仅是调整浪开头的一部分。

1. 锯齿形调整浪

（1）标准锯齿形结构形态（内部结构 5－3－5）。

在牛市或熊市中的单锯齿形调整浪是一种简单的三波下跌模式，标示为 A－B－C。其子浪序列是 5－3－5 结构，而且，一般浪 B 的反弹幅度是浪 A 的 61.8% 左右，见图 2－11。

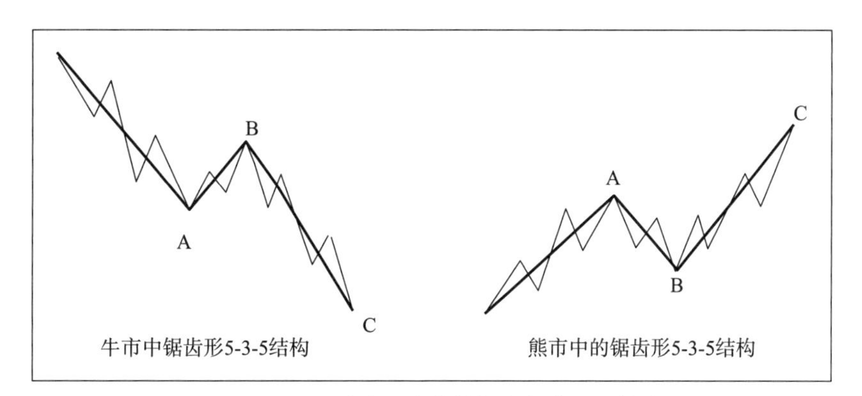

图 2－11　上升或下降中的标准锯齿形调整浪

（2）变异锯齿形结构形态（内部结构 5－3－5）。

一般标准锯齿形 B 浪都反弹或回调至 A 浪起点的 0.618 处，变异锯齿形 B 浪反弹会超过 0.618 但不会超过 A 的起点，后面的 5 波下跌 C 浪没有创新低和新高，见图 2－12。

（3）双锯齿形结构形态。

当第一个锯齿形调整浪没有达到正常的调整目标或调整时间不够的时候，会发生连续两个最多三个锯齿形结构。这种情况下，每个锯齿形调整浪会被一个介于其间的“3 浪”分开，这就产生了所谓的双锯齿形调整浪或者是三重锯齿形调整，第一个 X 浪的反弹高度依然是 W 浪的 61.8%，见图 2－13。

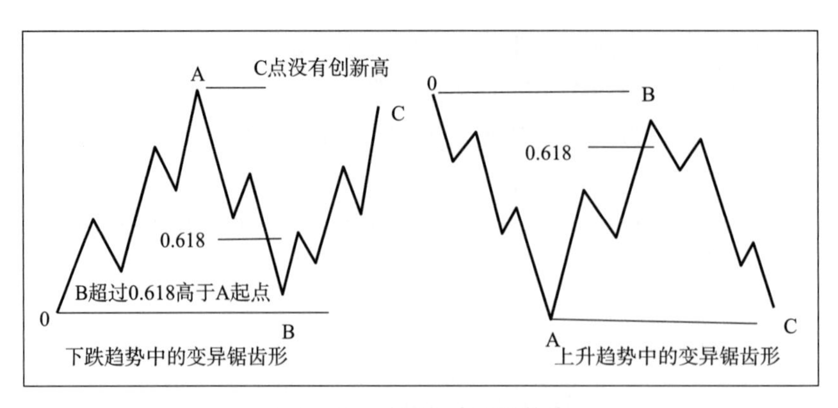

图 2－12　变异锯齿形调整浪

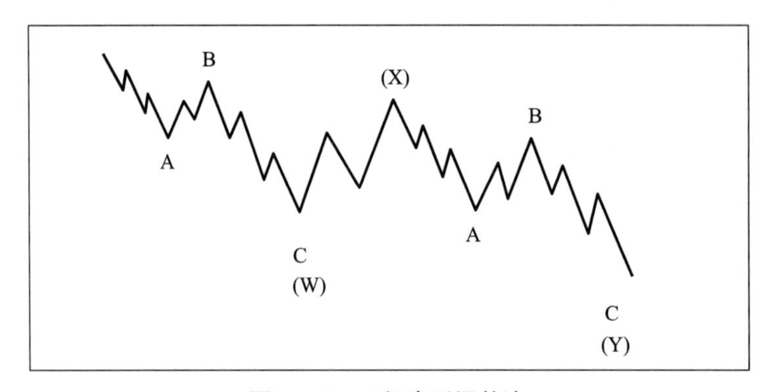

图 2－13　双锯齿形调整浪

双锯齿形的标注方法是将第一个锯齿形形成的第 1 波下跌标注为 W，将中间的第 2 波 3 波结构的调整浪标注为 X，将最后一波锯齿形下跌浪标注为 Y。

（4）三锯齿形结构形态，见图 2－14。

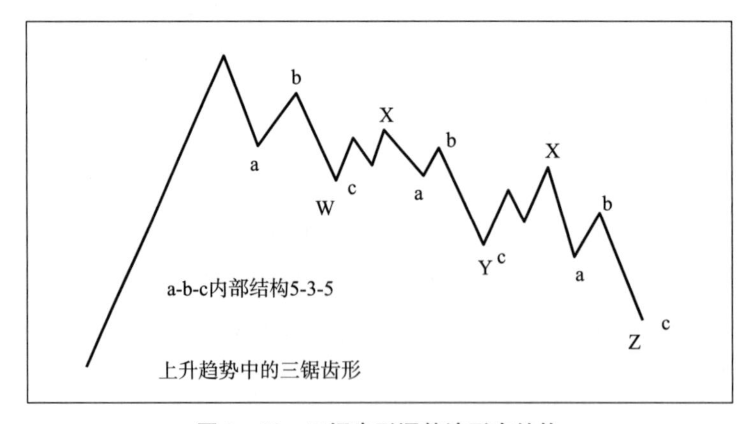

图 2－14　三锯齿形调整浪形态结构

2. 平台形调整浪（3－3－5结构）

平台形调整浪包含常见平台、扩展平台、强势平台和顺势平台。内部结构是3－3－5结构，经常出现在下降中反弹行情，如4、B浪和1浪。

（1）常见平台形调整浪（内部3－3－5结构）。

如图2－15所示，平台形调整浪的内部结构是3－3－5结构，走势特点是B浪回A起点附近，C浪会稍微跌破A浪。平台形调整浪一般出现在市场人气比较旺盛的3浪末端，第1个作用浪——A浪缺乏足够的向下动力，不能像锯齿形调整A浪那样是以5波下跌结构形式展开，而是以3波下跌结构形态展开。相对应的B浪也是因市场人气旺盛反弹经常在A浪的起点附近结束。接下来的C浪也是同样缺乏下跌动力，C浪通常在微弱超过A浪终点的位置结束，而不是像锯齿形那样C浪往往是A浪的1.618倍左右，有时甚至达到2.618倍。

相比锯齿形调整浪，平台形调整浪相对同级别推动浪的回撤幅度也是相对小的，一般在38.2%附近，3浪延长时，回撤幅度在50%左右。平台形调整浪往往出现在更大的、更强劲趋势的时候，其前后总是出现延长浪走势，内在的趋势越强，平台形调整浪就越暂短。经常出现在第4浪，而第2浪很少见出现平台形调整。

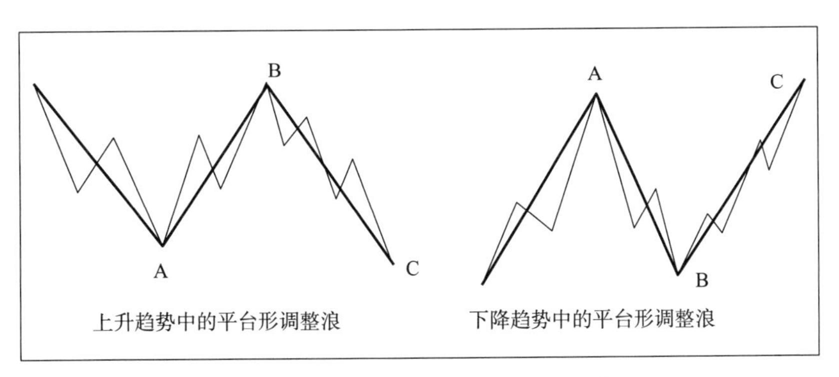

图2－15　常见平台形调整浪形态结构

（2）扩展平台形调整浪（内部3－3－5结构）。

如图2－16所示，扩展平台形内部结构依然是3－3－5结构，走势的最大特点是穿头破脚。反弹B浪冲过调整A浪的起点创出新高（穿头），之后的C浪又跌破A浪的终点（破脚）。这种走势说明原趋势上涨意愿非常强，主力利用这种形态在上涨途中进行洗盘行为的表现。第六章图6－18长春高新周K线5波上涨走势中的4浪就是扩展平台形实际例子。

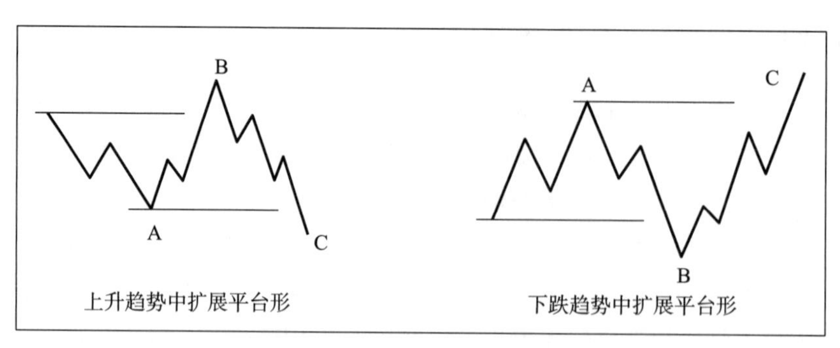

图 2－16 扩展平台形调整浪形态结构

（3）顺势平台形调整浪（内部 3－3－5 结构）。

如图 2－17 所示，顺势平台形调整浪的走势特点：浪 B 的终点超过了浪 A 的起点，而浪 C 的结束点没有触及浪 A 的起点，没有发生重合现象。顺势平台形的出现意味着原有的多头或空头力量十分强劲，回调无力，价格将沿着主趋势继续发展。例如，5 浪扩展走势就是顺势平台形的一种，调整是在保持上升趋势状态下进行的，但是，应该注意到 B 浪上升力度虽然强劲，形态上却只有三波上升结构形态，表面上是强势上涨，实际上属于强势调整。关于这个问题我们在后面有专门论述。

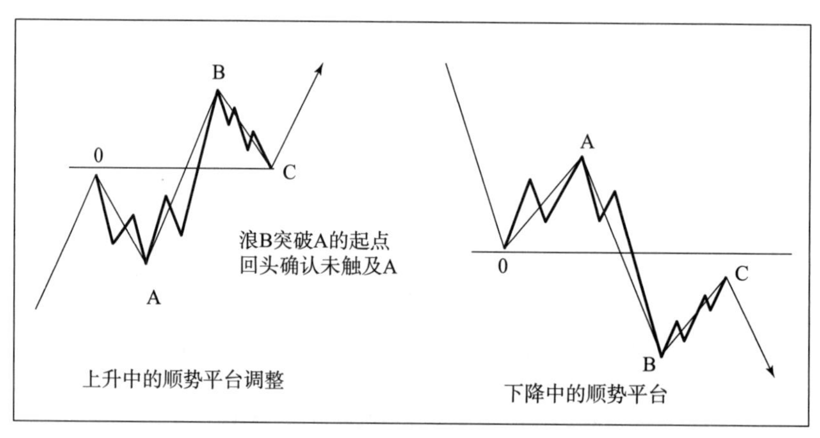

图 2－17 顺势平台形调整浪形态结构

锯齿形调整浪和平台形调整浪是我们学习调整浪中的重点，之所以说是重点，是因为 82% 左右的调整浪都是这两种。也就是说在上升主趋势的调整浪和下降主趋势的反弹浪中，100 次调整或反弹中有 82 次是锯齿形或平台形调整浪，它们的出现是大概率事件。

第四节　驱动浪与推动浪

一、作用浪与反作用浪

在一个完整的 5－3 结构中，5 浪上升 3 浪下降，其中在上升浪中与市场主方向相同的 1 浪、3 浪、5 浪被称为作用浪。在下跌浪中与市场调整方向相同的 A 浪、C 浪称之为作用浪。反之，上涨中的 2 浪、4 浪和下跌中的 B 浪称之为反作用浪。

1. 作用浪的划分

如图 2－18 所示，作用浪细分为推动浪和驱动浪。而驱动浪又可分为引导楔形和终结楔形。有的书上也将驱动浪称为终结倾斜三角形和引导倾斜三角形。

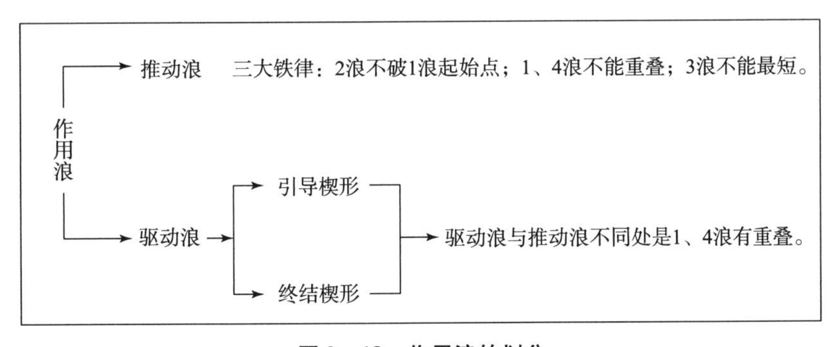

图 2－18　作用浪的划分

2. 三大铁律

三大铁律实质上是推动浪的三大铁律，而不是波浪理论的三大铁律，这一点很多书上有混淆倾向。波浪理论实质上是两大铁律：2 浪不破 1 浪起始点；3 浪不能最短。只有推动浪是三大铁律：2 浪不破 1 浪起始点；3 浪不能最短；1、4 浪不重叠。引导楔形和终结楔形内部 1、4 浪是重叠的。

3. 作用浪的内部结构

在作用浪中无论是推动浪还是驱动浪（终结楔形、引导楔形）内部结构都是 5 –3 –5 –3 –5 结构。

4. 驱动浪与推动浪在 5 –3 结构中的位置

在技术分析中，趋势、位置及形态的重要性是：趋势是第一位的，其次是位置，最后是形态。因此，明确驱动浪与推动浪在 5 –3 结构中经常出现的位置很重要，是判断 5 –3 结构以及顶部形态与底部形态的重要性依据。

首先在作用浪中，推动浪出现的概率是较大的，其次是 3 浪只能是推动浪，而 5 浪和 C 浪会经常出现终结楔形（倾斜三角形）走势，在 C 浪出现终结楔形也称 C 楔。引导楔形出现在第一个作用浪 1 浪中的机会不多，几乎很难见到，有时出现在调整浪的第一波 A 浪中。

二、引导楔形与终结楔形

楔形也称为倾斜三角形，是一种驱动模式，但不是推动浪。在波浪结构中，倾斜三角形会在特定的位置代替推动浪。楔形有两种结构形式：引导楔形；终结楔形。一种表示趋势初期，一种表示趋势末期，这两种形态都是波浪理论中非常重要的形态。

1. 引导楔形

如图 2 –19 所示，引导楔形又称为前置三角形或倾斜三角形，时常出现在第一个作用浪（浪 1 或浪 A）上，引导楔形内部的子浪结构是 5 –3 –5 –3 –5 结构，作用浪是 5 浪驱动模式，传递行情“持续”的信息，符合波浪理论思想。引导楔形是经典的形态之一，有非常好的方向指引作用，特别是在某些很混沌而迷茫的趋势初期，还有出现在 3 浪 i 或 C 浪 i 的位置上都显得尤为重要。

引导楔形的标注用 1 –2 –3 –4 –5 作为标示。浪 1 和浪 3 的连线，浪 2 和浪 4 的连线形成楔形两条轨道线。价格在楔形两条轨道线中运行，楔形通常是收缩形态和直通形态，很少是扩散形态，它的浪 4 总会进入浪 1 的价格区域。

引导楔形的形态结构特点如下：

（1）引导楔形的浪 1 必须是推动浪或者也是一个引导楔形。

（2）引导楔形的浪 5 必须是推动浪或者是一个终结楔形。

（3）浪 2 可以是除了三角形调整以外的任意一种调整浪。

（4）浪 4 可以是任意一种调整浪，浪 4 出现锯齿形调整非常普遍。

引导楔形的三大规则：浪 2 必须小于浪 1；浪 1 与浪 4 有重叠；浪 3 在浪 1 和浪 5 之间不能是最短的。三大规则非常重要，实际操作几次和对照历史复盘就能理解并掌握。

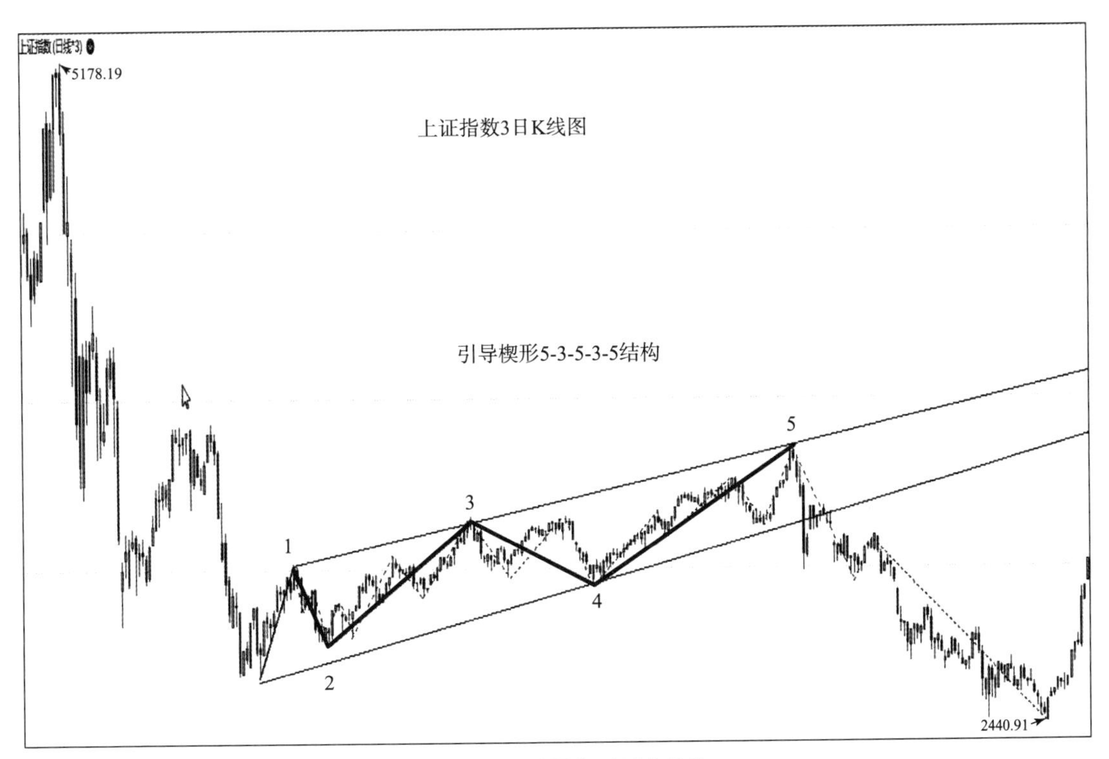

图 2－19　引导楔形形态结构

2. 终结楔形

如图 2－20 所示，终结楔形是一种特殊类型的波浪，主要出现在第 5 浪的位置上，艾略特曾指出，在终结楔形出现之前的市场往往运行过快过猛。此外，终结楔形以很少的机会出现在调整浪 A－B－C 的 C 浪位置上。

在双重3浪和多重3浪中，终结楔形可能作为最后一个C浪出现。

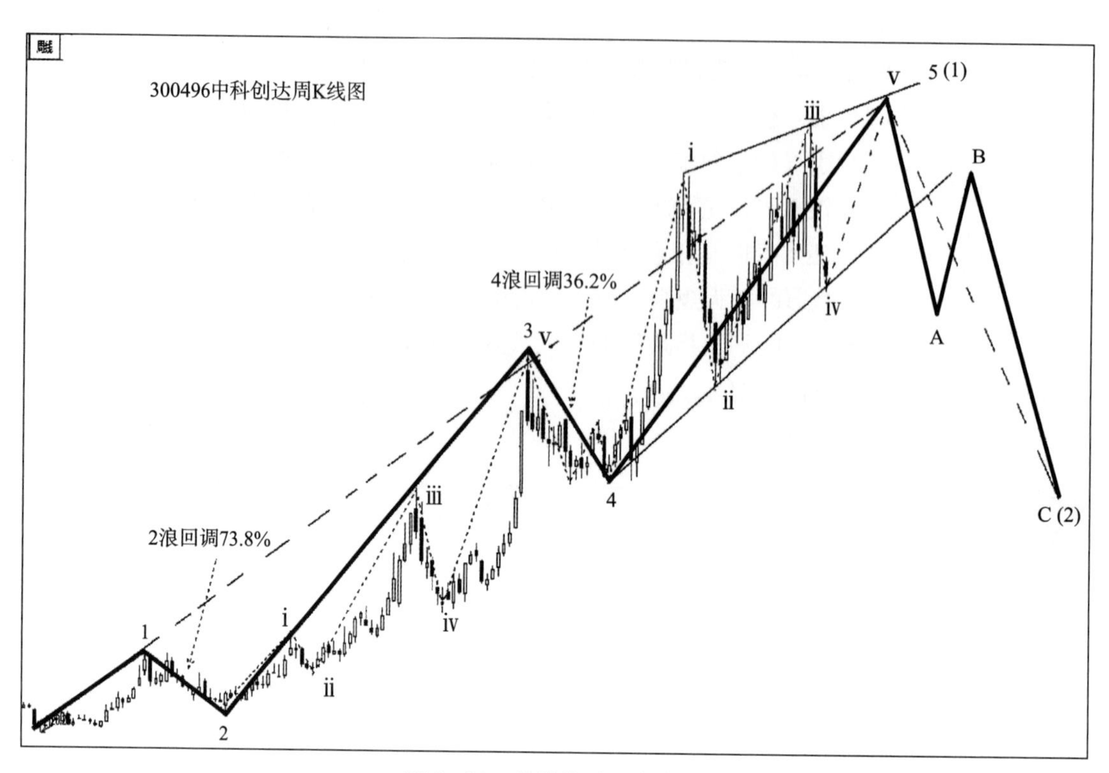

图2-20　终结楔形形态结构

如果是在上升趋势中的终结楔形发生后，会伴随着崩盘式的下跌，且下跌目标位至少是该楔形的起点。如果是下跌行情中的终结楔形，同样也意味着随后的暴涨。

在任何情况下，总能在较大级浪级的终点找到终结楔形，这标志着一波较大级浪级运动的结束。需要指出的是作为5浪的终结楔形常常伴随着"翻越"现象，即它的5浪中的v浪会"翻越"5浪中的i浪和5浪中的iii浪形成的趋势线，且在"翻越"瞬间成交量会突然异常放大。

注意：五浪延长、失败的五浪和终结楔形都预示着一件事——趋势的反转。有时，在不同周期上，两种形态会同时出现，那么要特别预备随之而来的暴涨暴跌。连接终结楔形的高低点一般会形成两条收敛的直线，终结楔形的1浪、3浪、5浪必须是锯齿形，每个子浪都是3波，内部的子浪结构是3-3-3-3-3结构。

终结楔形与引导楔形的不同之处：出现的位置不同；内部结构不同。相同之处：都是驱动浪；浪3都不是最短的浪；浪4与浪1有重叠。终结楔形要比引导楔形常见得多，终结楔形出现后伴随着较大的调整空间。

在形态上辨别它比辨别推动浪和引导楔形更容易，一是数浪要求降低，不需要严格数出内部结构，只需要一个3波结构的锯齿形结构就可以，二是此时的走势非常缓慢，市场会花很多时间来完成这个形态，能给你充分的时间来判断它是不是一个终结楔形。

终结楔形出现在第5浪和调整C浪是非常安全的一个位置，终结楔形是一个非常好的顶部和底部信号，出现了就一定要小心，市场马上就要开始反转或反弹。操作上，终结楔形是一个很好的头顶或抄底形态。

三、推动浪

1. 推动浪形态结构

总结一下，引导楔形可以出现在第1个作用浪中（浪A或浪1），而终结楔形可以出现在最后一个作用浪中（浪5或浪C），那么，仅有3浪是一种模式出现——推动浪。3浪一定遵循推动浪的三大铁律，如果3浪的形态结构不符合三大铁律，那肯定不是3浪。

2. 推动浪1、3、5浪的倍数比例关系

如图2－21所示，上升推动浪1、3、5和下降推动浪A、C的倍数比例关系。

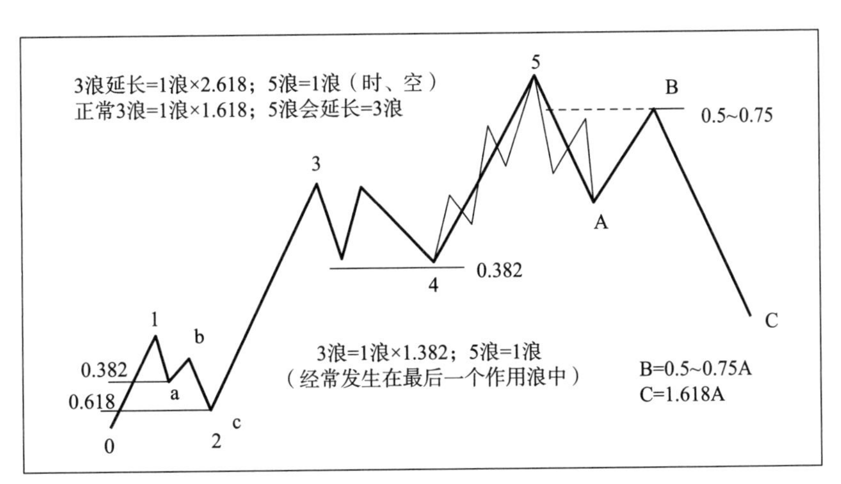

图2－21　推动浪的倍数比例关系

（1）在股票市场中3浪走出延长浪的机会是最大的，3浪延长一般会是1浪的2.618倍。而且，如果3浪延长，5浪在时间与空间上将与1浪相等。

（2）正常情况下3浪不延长将是1浪的1.618倍，此时5浪延长的概率将大增，5浪也将达到1浪的1.618倍。

（3）3浪等于1浪的1.382倍，5浪与1浪相等。这种情况往往出现在最后一个作用浪中，当5浪ⅲ等于5浪ⅰ的1.382倍时，5浪ⅴ在接近等于5浪ⅰ时，反转即将展开。

3. 推动浪C与A的倍数关系

如图2－22所示，推动浪C与A的倍数关系有三种：C浪＝A浪；C浪＝1.618×A浪；C浪＝0.618×A浪。

（1）C浪等于A浪一般发生在小级别同级推动浪中，若发生在2浪，A回调比例大于38%，小于50%时，C浪会等于A浪。

（2）在大一级别的ABC调整中，C浪一般是A浪的1.618倍。

（3）在同级别回调中，若A浪的下调比例大于50%，C浪的下调力度将减缓，会出现C浪等于0.618倍的A浪。

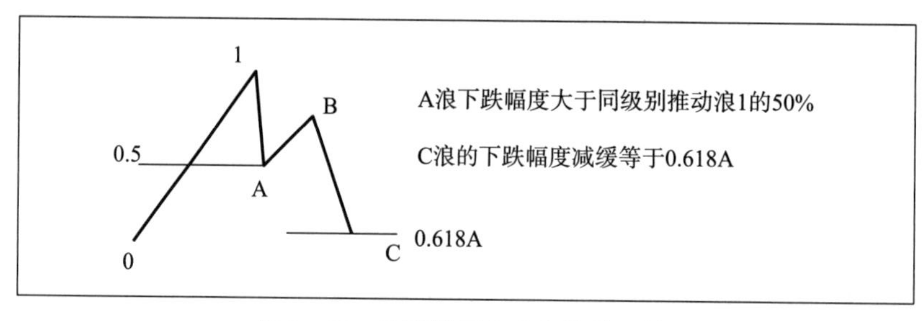

图2－22 C浪等于0.618倍的A浪

第五节　平台形调整实例：闻泰科技

一、月线级别5浪的划分

平台形调整经常出现在4浪，调整幅度一般是3浪的38.2%～50%。应用波浪理论分析时，首先要明确知道价格所处的位置，之后才看形态，位置比形态重要。位置是指价格在大一级别所处的是什么位置，而形态是指当下分析级别的结构形态。

如图2－23所示，2006年5月创出0.96元低点，2015年6月完成1浪高点58.83元。2017年1月创出2浪低点17.33元。2020年2月完成3浪

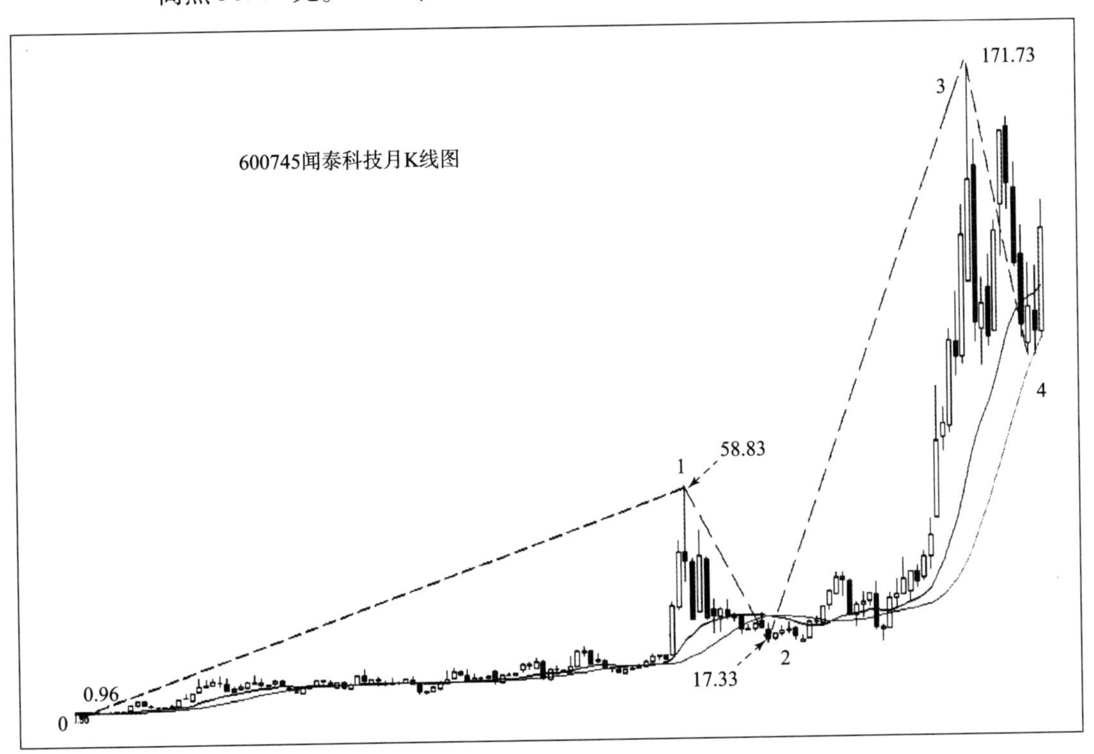

图2－23　闻泰科技月线走势图

高点 171.73 元。我们计算一下 2 浪实际回调 71.71%，3 浪涨幅是 1 浪的 2.668 倍。由此可见 1 浪、2 浪、3 浪走势完全符合波浪理论。也可以判定接下来的走势是第 4 浪调整。

根据同级别推调浪比例关系，4 浪调整一般是 3 浪涨幅的 38.2%～50%，闻泰科技 3 浪延长，4 浪调整幅度可能在 50% 左右。3 浪上涨幅度为 154.40 元，按 38.2% 计算回调位置在 112.75 元左右。实际 2020 年 4 月 27 日 A 浪最低点为 90.03 元，4 浪相对于 3 浪调整了 50% 多。下面我们到日线图上看一下 4 浪的调整形态结构是如何完成的。

二、月线级别 4 浪的平台形调整结构

如图 2－24 所示，价格从高点 171.73 元起，经过三波调整完成 A 浪，又经过三波反弹完成 B 浪，之后是 C 浪是五波下跌结构。B 浪最高点是 167.75 元，反弹幅度为 95%，C 浪最低点 77.71 元，主要是因为 A 浪调整幅度过大，C 浪在 A 浪附近结束，形成完美的平台形调整。

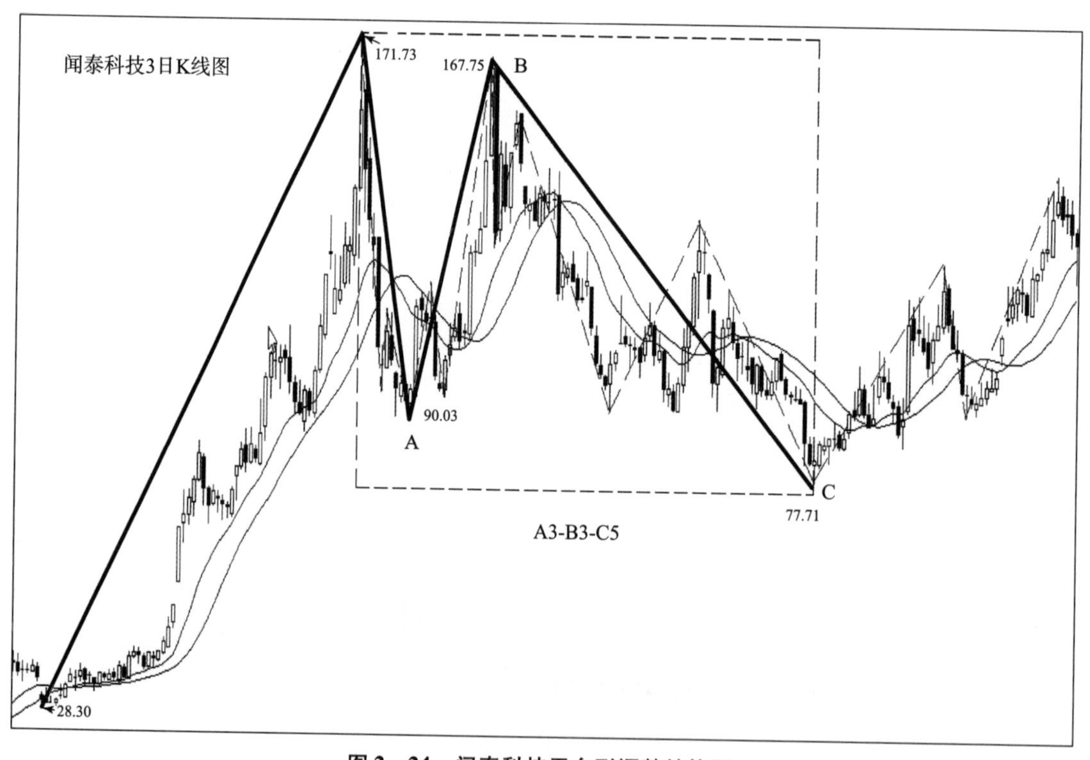

图 2－24　闻泰科技平台形调整结构图

第三章

波浪理论规则与“二波结构”

艾略特的波浪理论是对市场行为的描述，是以斐波那契数列为数学基础，经过多年实践总结出来的；是从形态、时间、空间角度对价格走势的分析，具有预测顶和底的功能，与技术分析中的指标相比，更准确、更直观。波浪理论的本质是反映价格交易中大众行为的一种心理表现。

第一节　波浪理论的学习路径

一、熟知每个波浪的大众投资行为特征

和道氏理论一样，波浪理论的根源于投资大众的行为情绪，波浪理论中每一浪，尤其是大级别的浪都可以通过分析投资大众的整体情绪识别出来。现代金融行为学研究表明，大众投资行为分析是技术分析的根，因此，学习波浪理论首先要掌握各个浪的大众心理特征，这是第一步——做到“知人”。

通常日线上的5－3波浪结构是基础浪，是研究大众投资行为的基础。我们在日线上划分波浪时，必须关注当下运行的浪是否符合当前市场大众情绪，是否能得到市场的确认。例如，你找到了某只个股日线上的第3主升浪，你一定要注意该公司的基本面、消息面以及市场主流财经媒体的报道。价格走在前面，当价格突破3浪ⅰ高点，走出3浪ⅲ时，如果是真正的3浪，一定会得到公司基本面、消息面的确认，主力资金一定会在大的财经媒体上发表激活市场人气的报道。如果不是这样，得不到外部信息的支持和确认，可能就要重新数了，这里的3浪ⅲ也可能只是反弹b浪，反弹结束后依然会下跌。

对长期投资者而言，可以通过分析周线、月线以及公司有关长期的基本面研究报告来进行波浪分析，分析中投资者一个至关重要的任务是判断正在形成的波浪运行模式是否与所获得的外部信息相匹配。

技术分析从本质上讲就是分析大众投资行为。波浪理论也是一样，是研究市场人气的。每一浪都有自己的特征，这一特征直接与市场心理有关。如果你数的浪与对应的特征不相符，你就应该知道自己可能数错了浪，或者是市场存在你不知道的因素，导致基本面已经发生了变化。总之，市场走势永远是正确的，你必须保持客观的分析态度跟随市场，使自己免受市

场大众情绪的干扰。

二、控制自己的情绪，让自己免受大众情绪影响

市场价格走势是大众交易行为的客观表现，市场不会比你聪明，你也不会比市场聪明，价格走势总是有意外的情况发生。大多数人不太明白这个过程，将其归咎于主力的运作，却不知主力运作也是通过分析大众情绪操作的。主力也只是在关键点位起到一个引导大众投资方向的作用，为大众投资指导一下方向而已。主力资金先知先觉是不可否认的，作为普通投资者必须接受这个现实，跟随主力方向操作，不能凭感觉对后势抱着幻想和希望，因为希望与市场毫不相干，市场不会关心你是否持仓及感受。例如，一根长阴或一个大的跳空缺口吃掉了一周甚至十几天的上涨，你的正确的第一反应是，在第一波反弹时找机会卖出，而不是到处找支持你持仓的理由，市场已经告诉你之前的分析判断已经发生变化，当下你无须知道发生了什么，第一时间出来是最重要的。

记住，主力资金是依据大众投资情绪操作的，当市场上的人都感觉没有机会绝望放弃的时候，往往就是新的一波行情的开始，一旦大众群体放弃抵抗，市场主力确认没有对手盘的时候，就会导致市场出现反转，明白了这些，你就可以避免像投资大众一样落入陷阱。

要想成为一名成功的交易者，你必须使自己相信一点，即只要你明白了群体对特定的刺激会做出何种反应以及为什么会做出这种反应，你就可以挣到钱。这是金融行为学的本质所在，对于给定的一系列刺激，某个人所做出的反应、行为是无法判定的。但是，一群人会对同样的刺激有什么反应，从某种程度上讲更容易预测。

三、“同级别推调比”是波浪理论的基础

波浪的种类只有两种，一种是推动浪，另一种是调整浪。调整浪是相对推动浪而言的，换句话说，这波调整浪是相对哪个推动浪的调整，一定要搞清楚这一点，不然在分析回撤比例时就会发生混乱，我开始学波浪理论时，就没注意到这点。波浪是有级别的，所以，调整浪的回撤比例一定是在同级别推动浪与调整浪之间使用——同级别推调比。

波浪理论分析最重要的一环就是分析调整浪的回撤比例是否正常，如果实际回撤比例小于正常比例，说明价格走势强，接下来的推动浪可能走出延长浪。反之，如果实际回撤比例大于正常比例，说明价格走势弱，接下来的推动浪走势也较弱或者失败。

四、要重视调整浪的时间周期大小

在已出版的波浪理论书籍中，有关时间的论述过于简单，可以说是一笔带过。对于时间，笔者认为江恩对时间周期的论述是确切的。江恩认为在一切决定市场趋势的因素中，时间因素是最重要的一环。波浪是形态、价格以及时间共同运行的轨迹，形态、价格、时间是波浪的三个维度，是一体的，只看形态去数浪，缺少空间与时间上的分析，一定是不全面的，不可靠的。

五、要学懂弄通的几个重要概念

波浪理论内容主要包含 4 个方面：三个维度（形态、价格、时间）；三个铁律；三个阶段；四个指南。将这 4 方面内容学懂弄通，就可以说是基本学会了波浪理论。剩下的关键就是灵活运用，不能死数浪，也不能仅凭波浪理论做出交易决定，最起码要结合趋势应用波浪理论。笔者认为无论什么技术分析理论和方法，趋势分析都是第一位的，数浪、划浪也是一样，尤其是当你数不清楚的时候，价格只要遵循趋势，这个浪就没结束，不必纠结其中什么形态有几浪，价格形态在没有走完的时候，是看不清楚的。

六、要以开放的思维模式灵活运用波浪理论

在实际交易操作中，能够稳定获利的关键是纠错能力。人不可能不犯错误，尤其是在证券市场。迅速果敢地认识、改正错误是一个人的能力。持仓跟踪趋势，你要时刻明白什么时候对、什么时候错。你必须对你的仓位不断地进行评估、再评估，仓位控制的灵活性是成功的关键。当你发现趋势与你判断趋势相反时要果断减仓；当你看不明白是什么浪的时候要逢

高减仓，灵活是用好波浪理论的关键。运用波浪理论的一大优点就是能够明确地去寻找交易的主升浪——3浪，当你发现某只股票进入主升浪时，最好的买点是3浪ⅱ结束时，价格再次突破3浪ⅰ高点跟进买入，设置3浪ⅱ终点为止损点。在持仓过程中，如果你发现上升节奏、市场人气及黄金比例都不符合3浪特征，那你就要警惕并减少一部分仓位。当你发现这不是3浪，决定撤退时也是盈利，就是亏损也是相当小的，但是，这笔交易一旦盈利就是巨大的，这就是应用波浪理论的最大好处，有明确的买点、止损点以及卖点。假如，你的试错交易与成功交易比是3∶1，你的综合收益率也是相当大的。

第二节 5－3结构的定量化分析——1、2浪

从本节起我们讲5－3结构的定量化分析问题，即：如何分析调整浪与驱动浪形态结构；如何应用“同级别推调比”计算调整浪与推动浪的比例关系。应用实例讲一下如何系统性地对5－3结构进行定量化分析。

波浪主要是5升3降的过程，它的规律就是循环、和谐、韵律和比例。这8个字是波浪理论的核心。讲波浪理论的定量化分析，其实就是讲循环、讲比例，即各个推动浪与调整浪之间、推动浪与推动浪之间的比例关系完美，价格走势就和谐、有韵律，5升3降不断循环。怎么循环？就是说1、2、3、4、5浪升级为一个大级别的（1）浪，A、B、C浪成为一个大级别的（2）浪，然后，生成大级别的（3）、（4）、（5）浪，从而完成一个大级别的五波上涨，价格成长就是这样不断从小级别成长为大级别，不断一个循环接着一个更大的循环过程逐级成长。无论升级到什么级别，5－3波浪结构中8个浪的各自特点都是一样的，下面我们就分别讲一下各自的特点。

1浪和2浪是同级别中的驱动浪与调整浪，所处的市场环境是相同的，在形态结构分析上是一个整体，是形态结构分析的基本单位。因此，将1浪和2浪视为一体进行分析更为合理。

一、1浪特性

当第1浪开始运行的时候，常常是难以辨认它到底是上升的开始，还是原来下降趋势的一个小反弹。1浪差不多有一半是处于市场的底部，通常来得很短促。1浪是在绝望中产生，在怀疑中上涨。

在通常情况下，1浪与前面下跌趋势中的反弹浪有以下三个明显不同之处：

（1）通常1浪是由一个明显的五波上涨结构构成的驱动浪，而先前下

跌趋势中的反弹浪都是三波结构。

（2）1浪的上涨幅度大于前边任何一波反弹幅度，正常情况下价格应该突破C浪内部子浪最后C5浪起点，突破C浪下跌趋势线，形成“双突”态势。

（3）与先前下跌趋势中的反弹浪相比，1浪的上涨在技术上更有结构性，常常伴随着成交量的增加，并突破下降趋势线。此时大量的卖盘显而易见，大多数人处于绝望阶段，相信市场大趋势是向下的，相信在这波反弹中卖出是正确的选择。

二、2浪特性

1浪走完5个小浪之后，一般会出现回调，回调的幅度走势都比较剧烈，有强烈洗盘的嫌疑，让人感觉好像就是新的一轮下跌又要到来。

如图2－5所示，2浪的回调幅度和调整时间是有极限要求的：

（1）2浪的回调幅度一般在61.8%~80%区域，极限回调幅度为1浪的80%左右。如果2浪的回调幅度超过80%又无明显的走强迹象，那么，这波调整就有可能不再是2浪，数浪可能是错误的。

（2）2浪的运行时间最大不能超过1浪运行时间的2倍，如果2浪运行时间超过1浪运行时间的2倍，那么，就可能不是2浪，而是原始下跌趋势中的反弹B浪。说明之前的数浪可能是错误的。

三、三个维度

在同级别推调浪中，判断调整浪是否结束要从三个维度上去考虑：结构形态是否完成；调整空间是否到位；调整时间是否到位。如果三个维度在一个狭小的区间内形成一致性，那么，价格就会产生和谐共振，趋势就会反转。

首先，判断结构形态，根据a的波形结构，判断abc形态结构，再根据c浪末端走势判断何时进场操作。无论a浪是三波结构还是五波结构，c浪都是五波结构。

其次，当调整浪完成结构形态时，要从空间和时间上衡量一下是否符合当下调整浪的特性。如果调整的空间和时间不够用，调整可能出现联合调整浪。

另外一点，就是2浪与4浪在调整空间与调整形态结构上都会交替出现，2浪结构简单，4浪就复杂；2浪调整幅度在61.8%，4浪就会在38.2%左右。反之亦然。2浪是锯齿形，4浪就是平台形或三角形（平台形和三角形都有扩展形）。

四、1、2浪特性分析实例

实例一：如图3-1所示，信维通信日线级别图，2019年1月7日低点18.74元为1浪起点，3月6日高点32.33元为1浪终点，经回调于5月17日完成2浪低点22.33元。现在我们分析确认一下1浪和2浪是否成立。

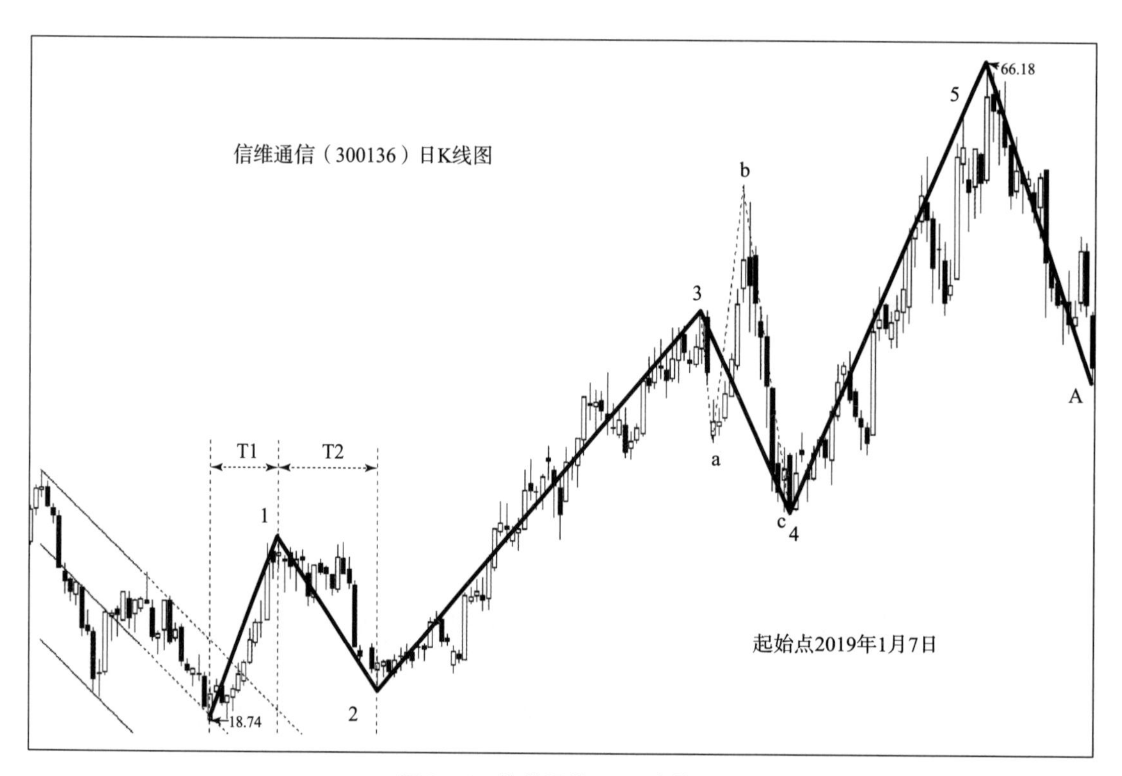

图3-1 信维通信5-3走势图

上面讲了判断1浪、2浪形态结构是否成立要从三个维度上去考虑：结构形态是否完成；调整空间是否到位；调整时间是否到位。

如图3-2所示，形态结构上1浪、2浪的子浪是一个非常清晰标准的5-3结构走势，1浪的子浪是典型的5波推动浪走势，符合推动浪的三大铁律：ⅱ浪没有破ⅰ浪起点；ⅳ浪没有与ⅰ浪重合；ⅲ不是最短的浪。2浪的子浪是5－3－5结构的锯齿形调整。

在空间上，经过计算，2浪相对1浪的调整幅度是74.13%，大于61.8%小于80%，符合锯齿形以及2浪调整空间要求。

如图3－1所示，在时间上2浪的完成时间在1浪的1～2倍之间，符合2浪调整时间的要求。因此我们判定1浪、2浪形态结构成立。

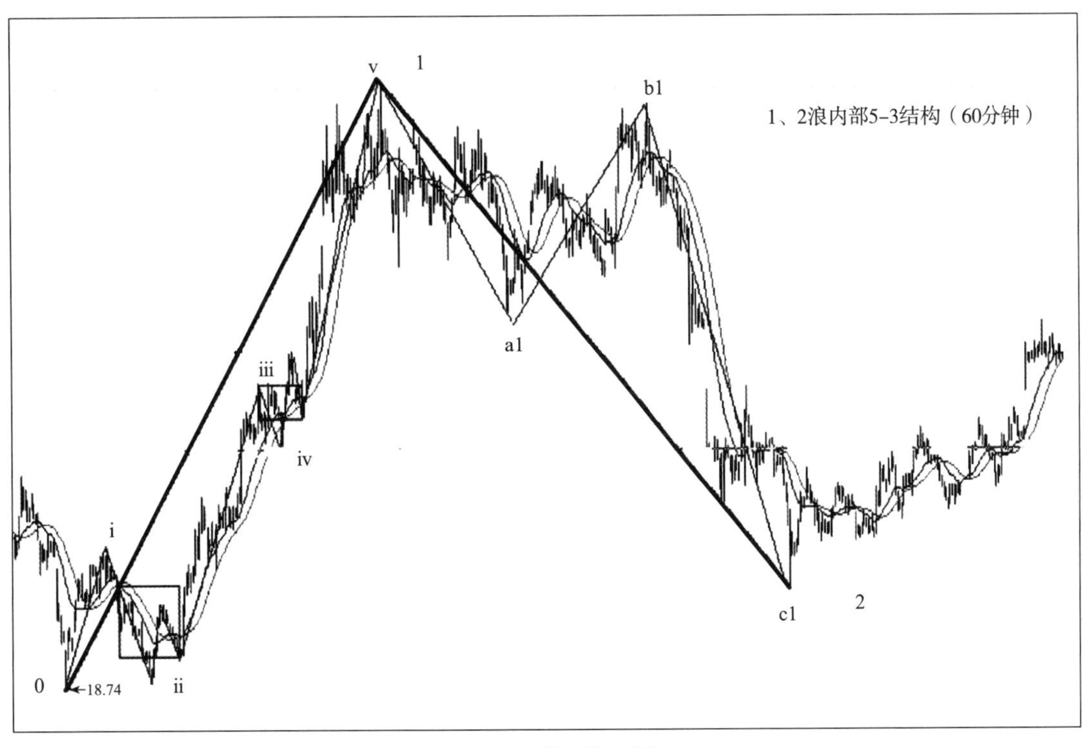

图3－2　信维通信子浪图

我们做技术分析的唯一目的就是为了操作交易，是寻找确定性强的主升浪交易。1、2浪形态结构成立，就具备了寻机买入条件。而确定2浪结束的最佳买点是3浪ⅱ，当价格突破3浪ⅰ终点时我们必须及时跟进，吃掉3浪这段鱼身部分。

实例二：如图3－3所示，华培动力日线走势图，2020年4月28日创出低点11.67元，7月28日完成1浪高点15.61元，经调整9月30日创出低点12.55元完成2浪。

华培动力的1浪走势与上个例子有所不同，1浪的子浪是5波驱动浪走势，1浪ⅳ与1浪ⅰ有重合，上升角度明显小于上一个例子。经计算2浪回调幅度为91%，大于2浪回调幅度小于80%的要求。从时间上看，调整价

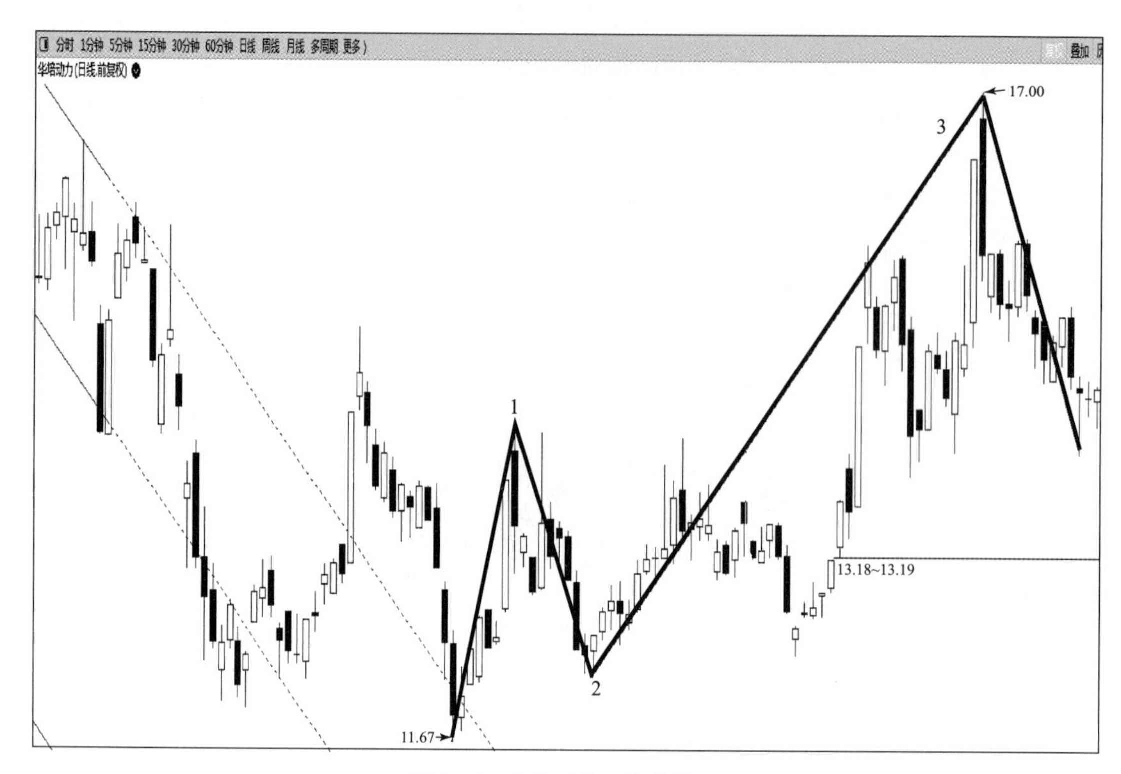

图 3-3 华培动力日线走势图

格到位，所用调整时间在 0.5～1 倍之间，这反映了空方力量依然很强大，虽然没有跌破 1 浪起点，但后续走势存在诸多不确定性，这种情况下 1 浪、2 浪结构形态是否成立，需要有一个二次确认过程。

第三节 5-3结构的定量化分析——3、4浪

一、3浪特性

在推动浪之中，第3浪最具有爆发力，它通常是最长的，也是最猛烈的一浪。当市场突破1浪的浪顶之时，图表上会发展多种突破信号，几乎所有的技术分析工具、指标都在这一刻显示出买入信号，交易者的感觉就是必须马上买入。价格往往会以连续跳空的方式迅速推进，这里就会出现我们经常讲的跳空缺口、突破缺口。3浪通常是1浪的1.618倍或2.618倍或其他斐波那契数列中的数字倍数。3浪明显的特征有三：加速成长阶段；MACD峰值最高；3浪ⅱ的调整时间小于2浪的调整时间，见图3-4。

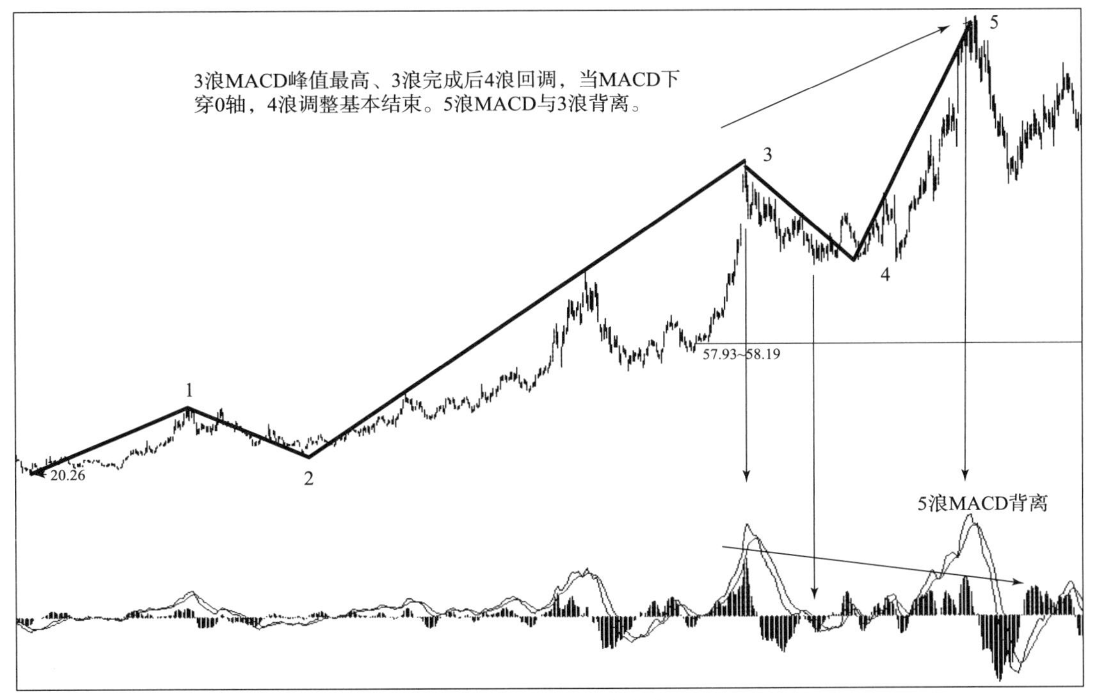

图3-4 3浪、4浪的特征

在股票市场中，3 浪是最有投资价值的一浪，经常走出延长浪。有时不止是 1 浪的 1.618 或 2.618 倍，可以走得更远。内部子浪形态上也不止 5 浪，有时走出 7 浪或 9 浪。原则上只要价格沿着上升通道运行，没有发出卖出信号就应坚持持仓。

二、4 浪特性

经过一段迅猛的上涨，价格进入 4 浪调整阶段。4 浪的调整时间比较长，是加速段之后首次时间失衡，调整时间上超过 3 浪中所有的调整时间。4 浪具有如下特征：

（1）一般 4 浪会调整至 3 浪上涨幅度的 0.382～0.5 倍处或者是 3 浪ⅳ低点。

（2）4 浪的调整伴随 MACD 指标回零轴。

（3）4 浪的调整时间自起点起首次失衡，调整时间超过前面任何一次调整，调整时间只跟自己内部结构有关。

（4）4 浪经常出现平台形调整，内部结构是 3－3－5 结构，见图 3－4。

三、3、4 浪特性分析实例

1. 主升 3、5 浪的技术性买点

如图 3－5 所示，3 浪、5 浪两个主升浪中途技术性买点：

3 浪技术性买点：只有 3 浪中的ⅱ浪完成后价格突破 3 浪中的ⅰ浪高点，才能确立 1 浪、2 浪形态结构成立。而且，也只有价格突破 3 浪中的ⅰ浪，回头确认时才能出现 3 浪技术性买点。止损点设在 3 浪中的ⅱ浪最低点。

5 浪技术性买点：只有 5 浪中的ⅱ浪完成后价格突破 5 浪中的ⅰ浪高点，才能确立 4 浪调整结构结束。而且，也只有价格突破 5 浪中的ⅰ浪，回头确认时才能出现 5 浪技术性买点。止损点设在 5 浪中的ⅱ浪最低点。

2. 主升 3 浪的技术性卖点

如图 3－5 所示，3 浪起点是 21.01 元，3 浪ⅰ的高点是 26.88 元，3 浪

ⅰ的涨幅是5.87元，2019年7月15日3浪ⅱ创出低点22.25元。现在我们依据推动浪之间的比例关系计算一下3浪上涨目标的大概范围。22.25+(1.618~2.618)×5.87=31.75~37.62元。价格实际走势中，9月9日当3浪完成五波上涨结构后，最高价格恰好是37.65元。价格开始震荡回落，当价格调整触及上升通道下轨时，受下轨支撑止跌，第2天价格跳空高开，强势特征明显。

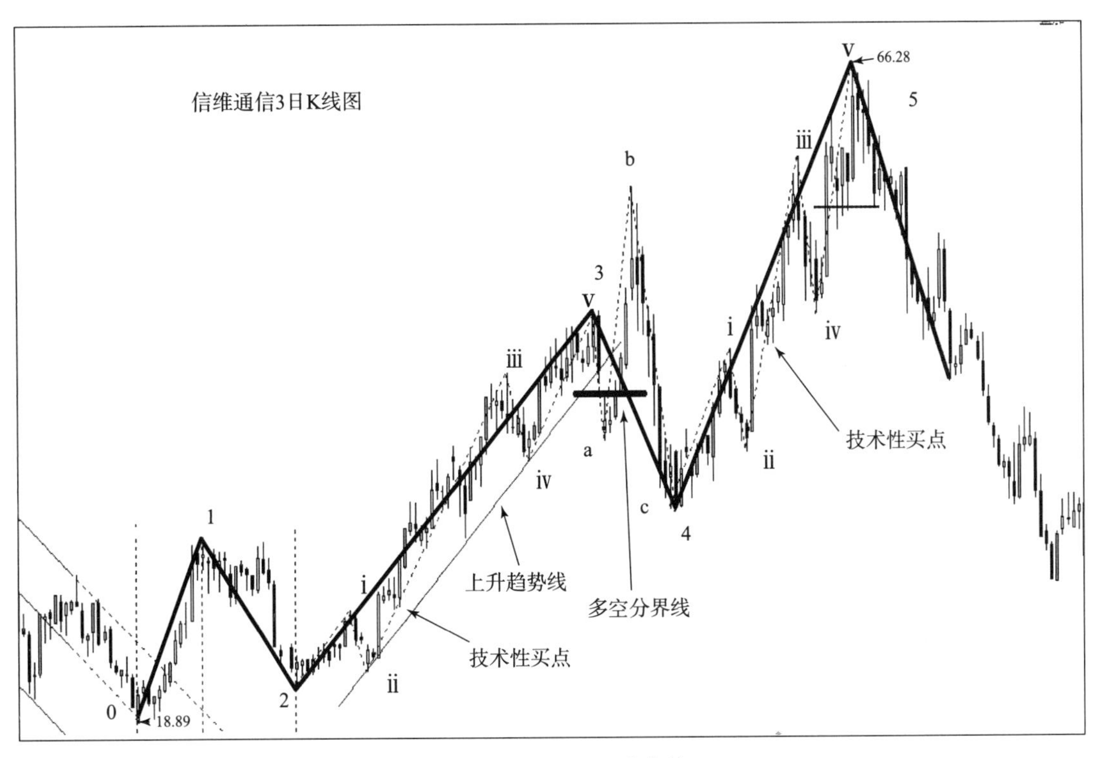

图3-5　信维通信5浪走势图

价格在上升趋势中，价格调整只要不破坏上升趋势线，没有发出卖出信号，我们就不能主观臆断价格上升趋势在哪个位置结束。关于如何判断趋势终结问题，我们需要明确两个问题：依据什么判断趋势的终结；用什么方法去判断趋势终结。下面我们就讲讲这两个问题。

四、判断趋势的两个理论基础

道氏理论对趋势判断的描述如下：

(1) 多头市场由一系列不断上升的高峰与不断上升的谷底组成，价格调整只要不破前低，就不能轻易判断上升趋势结束。

（2）空头市场是由不断下降的高点和不断下降的谷底组成。反弹只要不突破前高点，下降趋势就不能判断结束。

道氏理论对趋势的描述非常简单，只要你仔细琢磨两遍，都可以大致理解。这两条理论是技术分析、判断趋势的基础，是必须掌握和理解的，无论你是日内盯盘做 T，还是盘后分析，时时刻刻都用得上。道氏理论看似简单，却是跟踪趋势最好的理论依据。

五、多空分界法

（1）多空分界法的理论基础：①道氏理论——趋势判断的两个理论基础；②江恩理论——价格等于时间，时间等于价格，价格与时间相互转换。一开始可能不太好理解，其实也很简单，进一步解释就是，在上升趋势中，如果调整的时间比前一次调整的时间长，则调整将转势。若调整幅度大于前一次调整幅度，则价格已经进入转势阶段。

（2）多空分界法的两个条件：一是价格跌破上升趋势线（突破下跌趋势线），且最后一个反作用浪幅度大于前边所有反作用浪中最大的反作用浪幅度；二是价格跌破（突破）最后一个上升浪（下跌浪）起点。满足这两个条件，可以判断一波上升（下跌）趋势结束。这种监控股票趋势运动的方法称为多空分界法，也称为“双突交易法”。图 3－6 上升趋势中，价格跌破多空线 d，跌破上升趋势线，反弹高点 a2 是最佳卖点。如没有卖出，价格跌破 v 浪起点，反弹高点 b 是最佳逃命点。

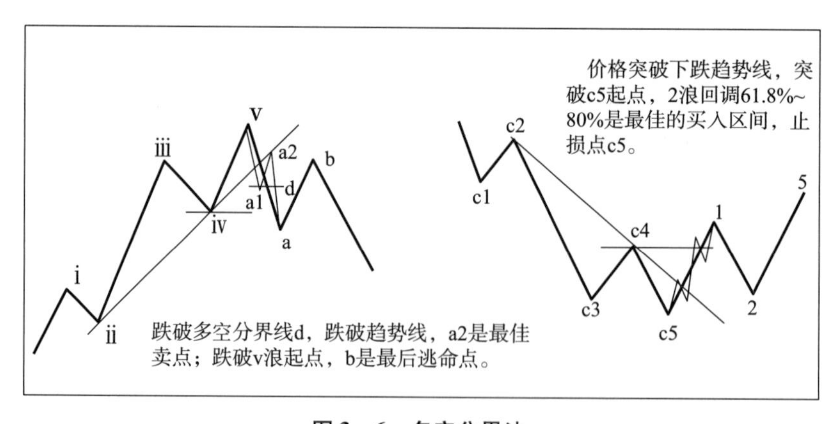

图 3－6　多空分界法

“双突交易法”是技术分析、判断趋势反转的依据，非常重要，切记！它是道氏理论与江恩理论的综合运用法则，是跟踪判断趋势终结，判断进场与出局的非常实用有效的买卖方法。

六、多空分界法应用实例

1. 信维通信主升3浪趋势终结的判断

上面我们讲了关于如何判断、处理趋势终结的两个问题。现在我们就应用这个理论和方法讲讲如何判断、处理信维通信第3主升浪的终结问题。

如图3-5所示，首先将3浪ⅱ低点、3浪ⅳ低点连接形成上升趋势线。依据道氏理论，价格在上升趋势线上方运行，低点与高点都在逐渐抬高，上升趋势就在延续。只有当3浪ⅴ结束出现调整，并跌破上升通道时，才能判断3浪出现终结现象。计算一下当下这段调整幅度，发现调整幅度已经大于前面3浪中任何一段的调整幅度，并且跌破3浪ⅴ起点时，我们判定3浪终结，等待之后的4浪b反弹择机卖出。

4浪调整通常情况下是以平台形展开，4浪b反弹高点在a浪起点附近。信维通信走出了超级3浪，市场人气极旺，4浪b反弹突破a浪起点，突破3浪上升通道中轨，走出了一个标准的“穿头破脚”扩展平台形调整浪。

我们的分析强调的是定量化分析，通过同级别推动浪与调整浪的调整比例关系判断价格强弱以及后期走势。当4浪C完成五波调整走势后，我们先要按同级别推调比例计算一下推动浪与调整浪的调整比例关系。3浪起点是21.01元，2020年1月20日创出3浪高点是48.51元，3月24日完成4浪低点33.96元。4浪相对3浪回调比为0.529，这一回调比例虽然大于正常的0.382，但是你不要忘了3浪是走出了超级延长。再从形态上分析一下，4浪回调并未触及延长浪起点。由此，可以判断价格总体上依然是处于强势状态，应等待价格突破4浪c下降通道趋势线时寻机买入。判断理由有三个方面：扩展平台形调整浪是典型的主力洗盘调整结构；超级3浪体现了主力做多意愿；4浪回调并未触及延长浪起点。

这个例子说明应用波浪理论分析操作时，不能呆板数浪。技术分析中趋势是第一位的，在上升趋势中，价格只要遵循道氏理论，高点和低点在逐渐抬高，趋势就在延续。应保持开放的思维模式，用客观全面的态度分析价格走势。

2. 应用多空分界法判断上证指数趋势反转

如图3－7所示，上证指数自高点3587.03点起，进入一个中期下降通道，反弹浪中9－10段是最大的反弹浪，但9－10段依然处于下降通道内。创出2440.91点新低后，当11－12段反弹幅度超过9－10段时，价格也突破了中期下降通道，因此，可以判断下跌趋势结束。

9－10段低点是2018年10月19日2449.20点，高点是2018年11月19日2703.81点，反弹幅度是254.31点，多空分界点是2440.91＋254.31＝2695.22点。正好是上证指数突破中期下降通道的第1根K线。

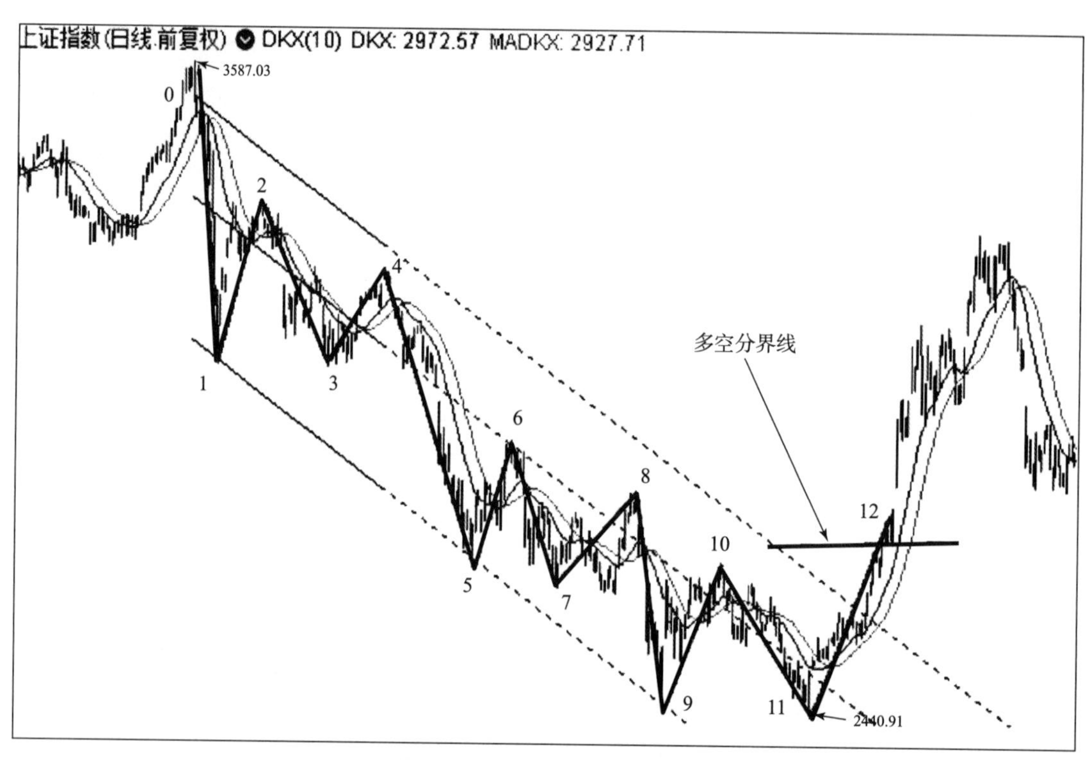

图3－7　多空分界线的应用

3. 万科日线级别的五浪上升行情

万科2019年6月3日启动的一波日线级别五浪上升行情，我们利用多空分界点，判断是否存在5浪扩展波。

如图3－8所示，1－2段回调幅度为1.05元，5－6段回调幅度为1.60元，是调整段中最大回调幅度，6－7段创出高点29.39元开始回调。计算一下多空分界线点位是28.77元（29.39元－1.60元＝27.79元），价格连续三个交易日调整低点低于多空分界线 27.79 元，由此判断，不会有 5 浪延展行情，接下来应该是 abc 三浪调整。请参考万科 2019 年6 月3 日 K 线，最好自己动手算一下。

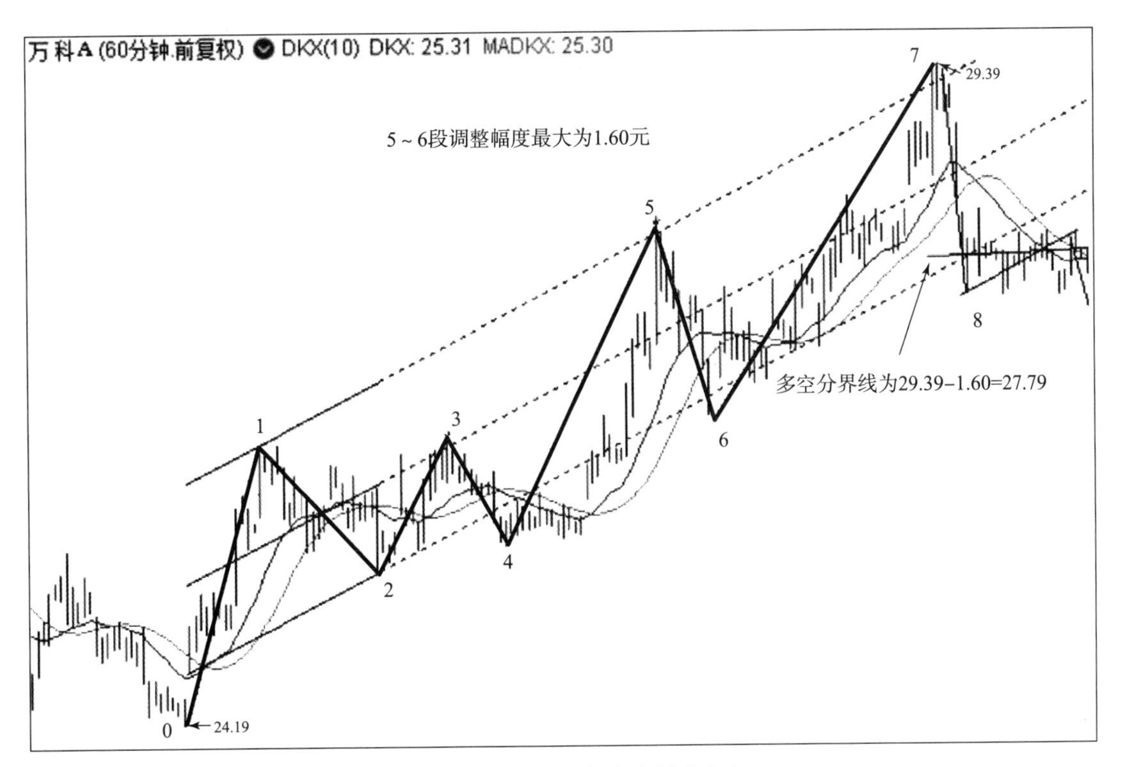

图 3－8　万科应用多空分界法卖出

4. 应用多空分界线判断底部五浪诱多卖出点

如图 3－9 所示，2019 年 11 月 14 日 ST 北讯创出 1. 46 元低点后，反弹突破下降通道，走出一波五浪上升行情。我们应用多空分界线判断这波上涨行情的卖出点。经计算在两波回调中，3－4 浪回调幅度最大为 0. 44 元。由此，可以计算得出多空分界线为 2. 13 元，2020 年 1 月 17 日，股价跌破多空分界线，反弹时我在 2. 19 元出局。请打开 ST 北讯 2019 年 11 月 14 日 K 线图，自己算下。

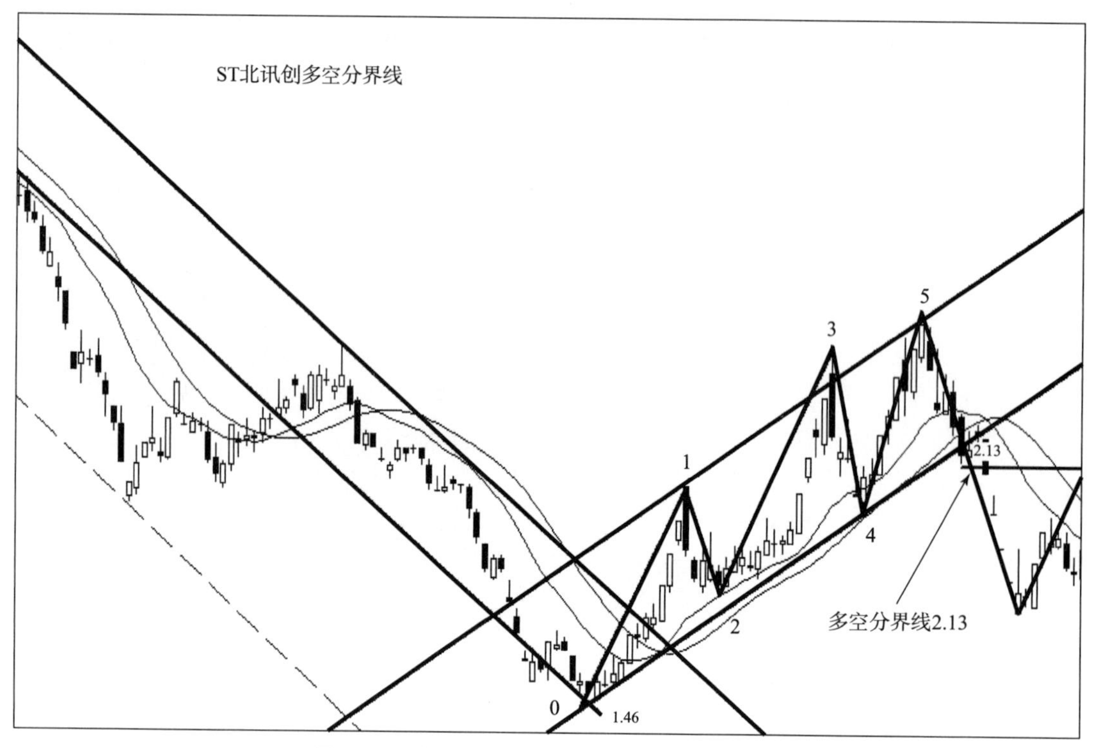

图3-9　应用多空分界线判断ST北讯卖出点

第四节　5-3结构的定量化分析——5浪

5浪在大周期中同样是很好的获利阶段，一方面，由于是在3浪之后出现，借3浪余威也会出现较大涨幅；另一方面，由于5浪是趋势末端，形态异常复杂，应尽快离场。

一、5浪的特征

（1）在股票市场中，5浪通常比3浪平和得多，其力度和成交量远逊于3浪。在上升目标上，如果3浪走出延伸浪，那么5浪在上涨幅度和运行时间上都会与1浪差不多相等。

（2）在期货市场上，5浪通常会走出延长。

（3）5浪的定量化比较困难，诱多情况比较多，价格刚刚突破3浪高点就进入衰竭。5浪中的v浪也经常会出现失败，无法突破5浪中iii浪的高点，但还是可达到5浪中iii浪的70%。

（4）5浪延长：5浪中iii浪走出延长，当5浪中iii浪的幅度是5浪中i浪的2.382倍时，应该立即清仓；5浪中v浪延长，一般会有7波或9波。5浪走出延长之后的调整量特别深，会直接干到5浪中i浪终点。

（5）从5浪中iv浪开始，一直持续到5浪中v浪结束，行情的波动开始剧烈，盘中大阳大阴频繁出现多空分歧加大，此刻重要的是离场，卖高点、卖低点不重要。

二、a1浪的特征

价格经过5波上涨，在第5浪终结将迎来一波深度调整。经过5波上涨结构，价格走势升级为大一级别的（1）浪，接下来的调整是对（1）浪的调整，也就是（2）浪调整，前面我们讲了（2）浪出现锯齿形调整居多，（2）浪调整幅度是（1）浪的61.8%~80%，尽快离场是上策。

前面讲了第5浪具有很大的不确定性，可能出现失败，也可能正常，还可能延长。因此，我们对待5浪中的每一次调整浪都应该警惕，都可能演变成A浪a。另一方面，我们还必须秉承开放、客观地对待每一个调整浪，不能盲目臆断它就是A浪a。

复杂的问题简单化处理是一种智慧，价格走到这里也就是挣多挣少的事，没有必要纠结。寻找5浪最佳卖点的方法与上节讲的寻找3浪卖点的方法是一致的——多空分界法。只要价格不跌破多空分界线，沿着正常的上升通道运动，调整都视为正常。只有当价格跌破多空线，跌破5浪上升通道线，发出明确的卖出信号，果断清仓就行了。至于后面如何调整，怎么调整，与我们又有何干？

在这里我要说一下有些投资者愿意与股票结亲家，对挣着钱的股票总是依依不舍，明明在高点卖出是个正确的选择，可是又在股价刚刚下跌不久，可能只跌了20%就又买回来，这就是不懂技术，不明白价格形态结构。仅从时间上讲，价格完成5波结构上涨，迎来的是大一级别的调整，调整时间有时会接近前边5波上涨时间的2倍，早早接回来是很纠结的。完成一个中线投资后，我们首先要做的是休息一段时间，分析一下大盘处于什么位置，再选择下一个投资目标——冷静、等待也是投资的两大法宝。

a1浪的特征：a1浪是A浪的第一个子浪，一般情况下A浪是一个5波推动浪结构，下跌速度、幅度以及形态结构都与前面调整浪不一样；调整幅度大于前边第5浪中的任何一波调整；下跌伴随成交量增大。

三、应用实例

图3－10是图3－1中第5浪走势图。2020年8月25日信维通信创出5浪中v浪高点66.25元开始调整。第a1浪下跌刚好跌到通道线下轨，反弹没有突破多空趋势线，回头跌破上升通道线下轨，同时也跌破多空分界线，发出明确的卖出信号，之后反弹在前高点附近是最佳的卖出位置。

在A浪调整之前的两波调整中，5浪中iv浪调整幅度最大，调整幅度为11.40元，5浪中v浪从高点66.25元开始调整，计算一下多空分界点（66.25元－11.40元＝54.85元）。

图3-10　信维通信第5浪走势图

第五节　5-3 结构的定量化分析——A-B-C 浪

一、A 浪的定量化特征

（1）A 浪调整初期，市场大多数人依然认为不大可能是逆转，只视为一个短暂的调整，在形态上 A 浪以两种形态展开：锯齿形展开；独立的 5 波驱动浪展开，如图 3-11 所示。

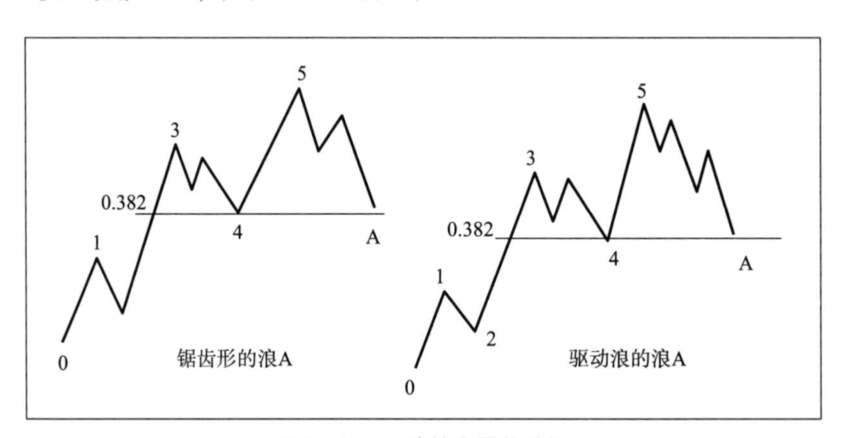

图 3-11　A 浪的定量化特征

（2）如果 A 浪是平台形，那么绝对不是 A 浪。那表明是整个的 A-B-C 走势。这一点一定要记住，因为在讲形态中给大家讲过，锯齿形有联合形，可以演化成双锯齿形或者三锯齿形，平台形是没有联合形的。

（3）A 浪一般回到 4 浪水平一线或者 3 浪黄金分割的 0.382 位置一线。

二、B 浪的定量化特征

（1）浪 B 的上升趋势较为情绪化，会出现传统的牛市陷阱，市场人士经常误以为上一个上升浪尚未结束，又要开始创新高，但是要注意成交量已经出现背离。

（2）如果 A 浪是五波展开，那么 B 浪一般反弹幅度是 A 浪的 0.618 倍左右。如果 A 浪是三波展开锯齿形，那么 B 浪反弹一般会回到 A 浪起点附近，如图 3－12 所示。

（3）由于 AB 形态上要交替，如果 A 浪是五波形态，那么 B 浪可以是锯齿形或者平台形。如果 A 浪是锯齿形，那么 B 浪只能是平台形。

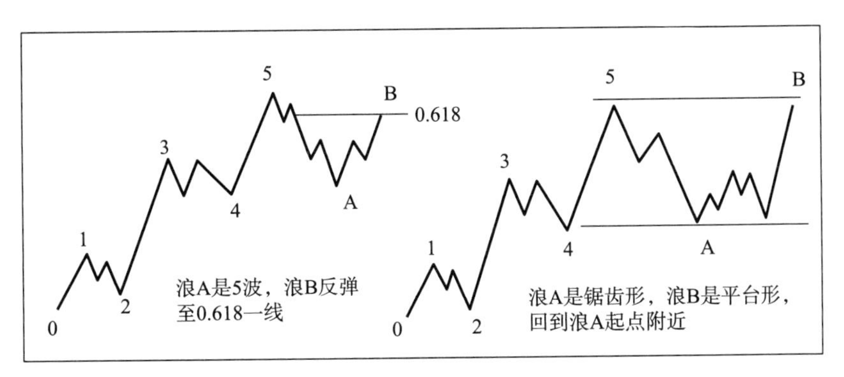

图 3－12　B 浪的定量化特征

三、C 浪的定量化特征

如图 3－13 所示，C 浪的定量化特征有三点：

（1）浪 C 破坏力较强，是以 5 波形态，开启全面性下跌。

（2）浪 C 的幅度一般是 A 浪幅度的 1.618 倍。

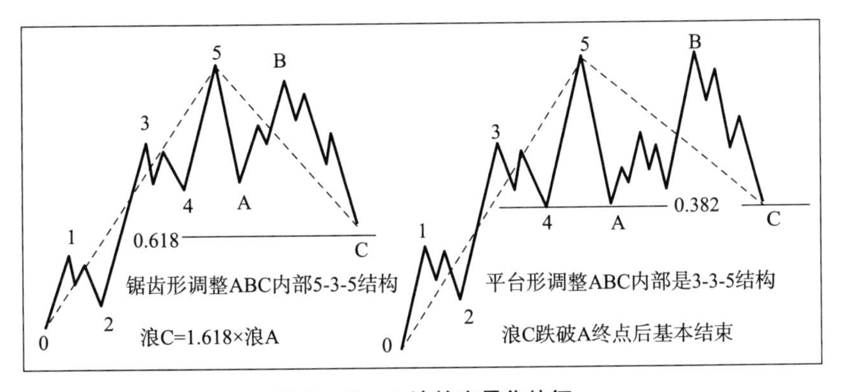

图 3－13　C 浪的定量化特征

（3）如果 A－B－C 是 5－3－5 锯齿形调整，调整幅度一般是前边 0－5 上涨幅度的 0.618～0.8 倍；如果 A－B－C 是 3－3－5 平台形调整，调整幅度一般是前边 0－5 上涨幅度的 0.382～0.5 倍。

四、A－B－C 浪定量化分析的应用实例

如图 3－14 所示，中国长城 2020 年 4 月 29 日 10.79 元为起点的 5－3 结构走势图，这里我们主要分析 abc 调整浪的走势，也就是判断浪 c 的终结点。前面我们讲了，判断结构形态的终结要从三个维度去判断：形态结构；空间比例；时间比例。现在我们就从这三方面看一下中国长城 abc 是终结点。

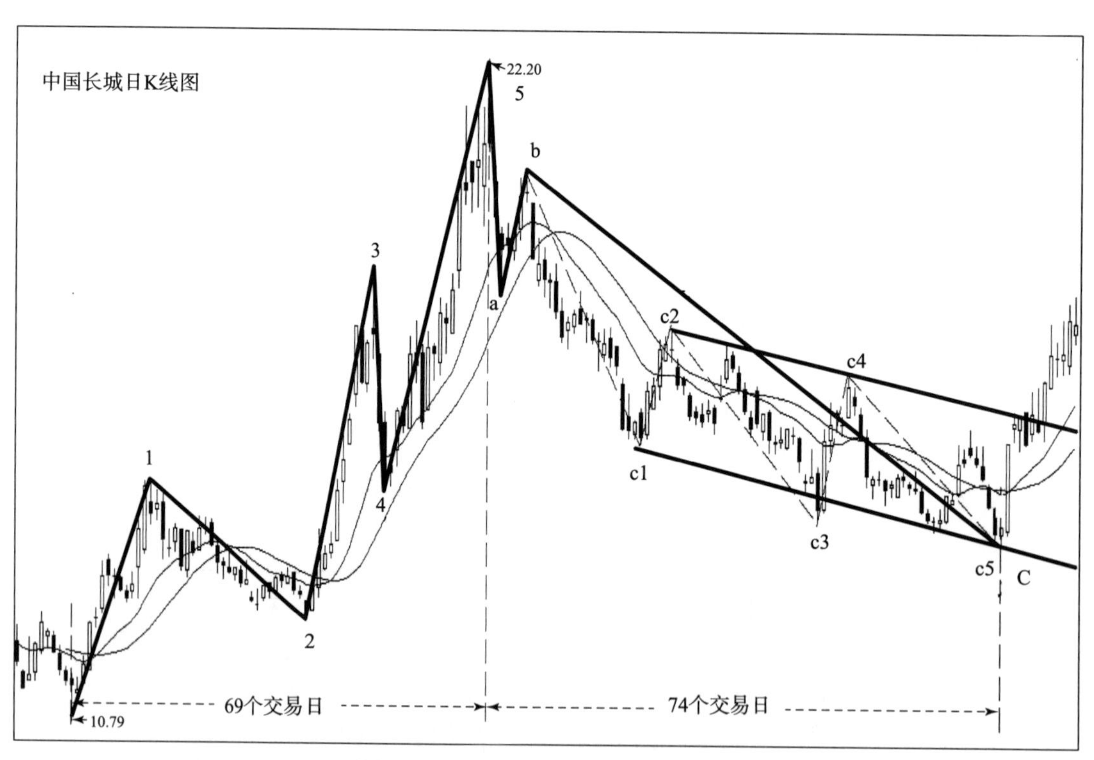

图 3－14　ABC 浪的定量化特征应用

（1）形态结构。

a 浪是五波结构，b 浪是简单的三波结构，c 浪是一个五波推动浪结构，abc 调整浪的内部结构是 5－3－5 锯齿形结构。

（2）空间比例。

a 浪下跌幅度为 4. 00 元，b 浪反弹 2. 18 元是 a 浪的 55%，基本符合锯齿形 b 浪反弹特征。再计算一下浪 c 调整幅度 20. 38 - 14. 19 = 6. 19（元），是 a 浪的 155%（通常情况下是 161. 8%），也基本符合 c 浪的空间。再计算一下就可知道 abc 的整体调整幅度 8. 01 元正好是 a 浪调整幅度 4. 00 元的 2 倍，体现了价格运行结构的协调性。

（3）时间比例。

中国长城这波 5 - 3 结构走势是以 2020 年 4 月 29 日 10. 79 元为起点的，8 月 10 日完成五波上涨结构，价格共运行 69 个交易日。从最高点到 c 浪中 c5 浪最低点 14. 19 元共计运行 74 个交易日。五波上涨时间与三波调整时间基本相同，符合大一级别（1）浪、（2）浪的时间比例要求。

由此看出 abc 调整浪的三个纬度存在一致性，可以判定 14. 19 元就是 abc 调整浪的终结点。如果我们再从价格趋势上分析一下，就能又一次确认调整趋势结束，从而找到比较好的介入点。

如图 3 - 14 所示，c4 浪反弹已经突破 c 浪的下降通道上轨压制，而且 c5 浪经过三波调整正好回踩下降通道上轨结束。如果下一波反弹突破 c4 浪高点，回踩又没有破前低，就表明二次确认成功，技术性买点成立。

应用艾略特波浪理论 5 - 3 结构对价格走势进行分析、交易，重点把握以下四个方面：

①宏观大局明确价格运行的三个阶段（初始阶段、成长阶段与调整阶段）的哪个位置。

②一定要从三个维度分析价格结构形态。

③明确驱动浪与推动浪的三大铁律。

④掌握我们下节要讲的波浪理论应用的四个指导方针。

再强调一下，波浪理论的分析基础是“同级别推调比”——同级别调整浪与推动浪的比例关系，一定要记住！

第六节 5-3结构定量化分析的四个指导方针

一、第一个指导方针：调整浪A的调整深度

在5-3结构中，经过五波上涨之后，第一个调整浪A能调到什么位置？除了波浪理论还没有哪个技术分析手段能给这个问题一个满意的回答。解答这个问题的主要指导方针就是调整浪——A浪正常情况下会回撤到4浪低点的位置附近。

有时平台形调整或三角形调整——尤其是5浪延长，A浪的调整，通常会跌幅到达5浪ii低点的位置附近，下面我们还是用画图来解释一下。

如图3-15所示，其实就是描述在整个调整浪A-B-C中第一波A浪的两种走势：正常情况下（5浪没有延长）A浪会回到浪4水平位；5浪延长的情况下，A浪就会调整至5浪ii一线。

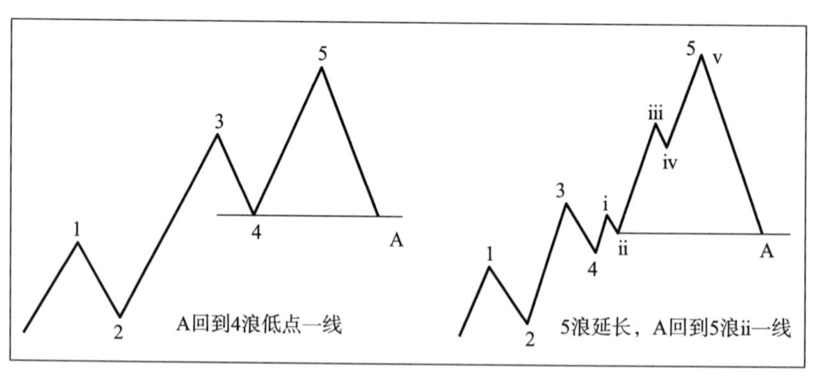

图3-15 调整浪A的回调深度

二、第二个指导方针：交替

交替是波浪构造中一种常见的现象，尽管交替现象不会精确地说明什么地方会发生什么结构，但交替现象在分析波浪构造预测下一波走势时很有用，明确交替现象可以指导我们不会像大多数投资者一样，在“理解”市场走势后，习惯于惯性思维。明确交替现象能够知道价格不会简单地重复。市场就是这样，当大多数投资者学会、习惯市场的某种走势时，就是市场完全变化之日。艾略特进一步指出，交替事实上是一种市场法则。

1. 形态的交替

（1）推动浪中2浪与4浪的形态交替，2浪是锯齿形调整——急剧，4浪则是平台形或是三角形——盘整，见图3－16。

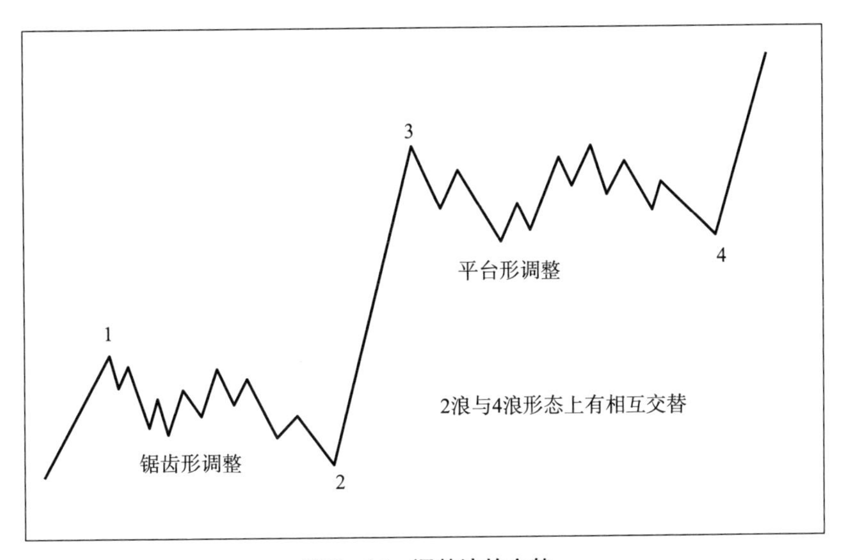

图3－16　调整浪的交替

（2）A－B－C调整浪中的形态交替，在大一级别调整中，如果A浪中子浪a－b－c是一简单的锯齿形展开，那么B浪中子浪a－b－c就会以复杂的平台形调整展开。A浪与B浪在形态上有交替现象，见图3－17。

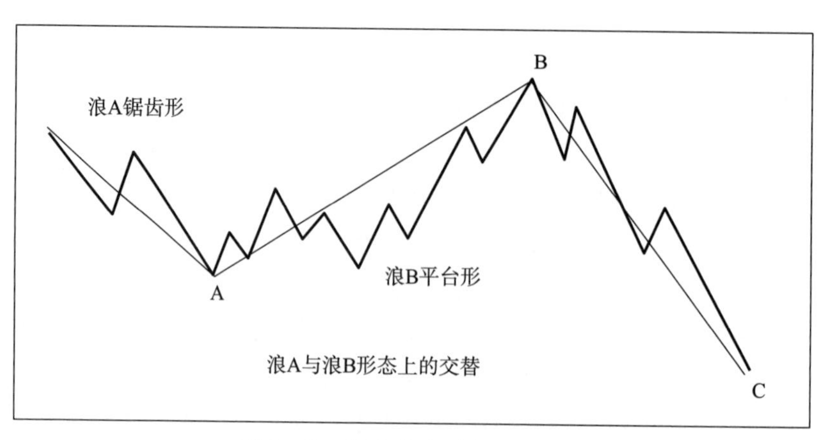

图 3－17　调整浪中形态上的交替

2. 简单与复杂的交替

出现这种情况跟波浪理论的时间要求有关系，在江恩 4 种有形关系中，我们讲过，形态结构是价格和时间共同运行的轨迹。如果一个形态的完成需要的时间很久，那么，价格形态的展开一定是以复杂形态展开的，见图 3－18。

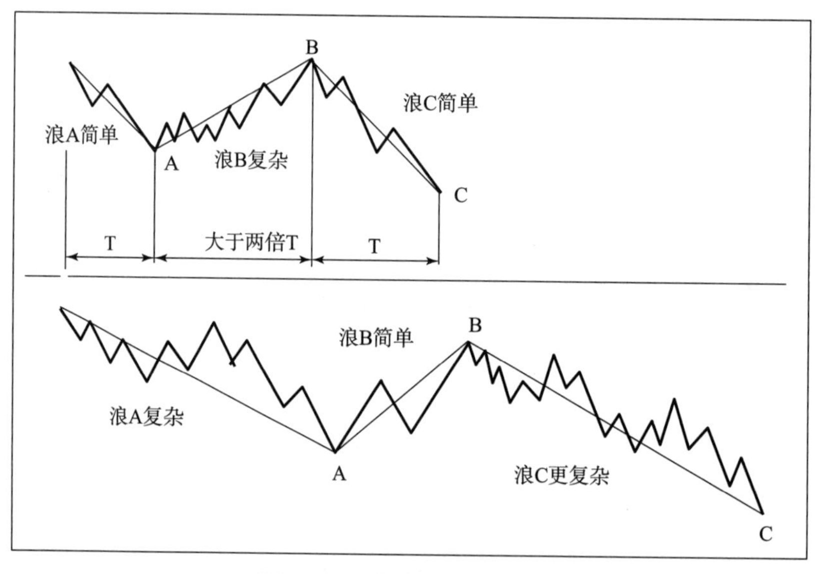

图 3－18　简单与复杂的交替

三、第三个指导方针：通道

1. 通道及通道线的绘制

当第 3 浪或第 5 浪走出延长时，很难判断出是走出 7 浪还是 9 浪，事实上，事先预判也不是什么好的办法。通常在分析第 3 浪或第 5 浪时采用趋势通道线分析监控价格运动是一个非常好的办法。艾略特指出，平行的趋势通道常常可以相当准确地标出推动浪的上下边界。交易者应当尽早画出一条价格通道来帮助确定波浪的运动目标，并为趋势的未来发展提供线索。

如图 3－19 所示，一个推动浪的原始通道至少需要 3 个参考点。当第 3 浪结束的时候，先连接 1 浪和 3 浪的两个顶点，然后通过 2 浪终点作一条平行线。这样就勾画出一个基本的上升通道，可为第 4 浪提供一个参考。

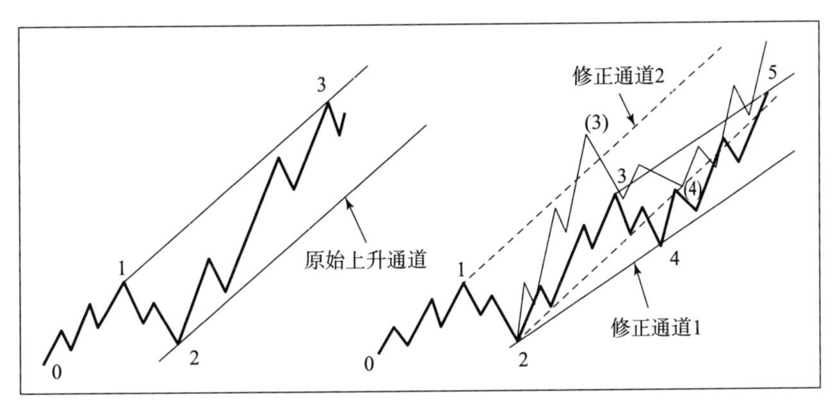

图 3－19 推动浪通道线

在实际中第 4 浪往往不能正好落在基本通道线上，但这时不能说基本通道线就没有用，如果第 4 浪的终点没有触及基本通道线下轨，那么为了预测第 5 浪边界，交易者必须再做一次修正基本通道。修正方法是：将 2 浪与 4 浪终点连成直线作为修正后上升通道的下轨；然后通过 3 浪终点作修正后的平行线（2 浪与 4 浪终点连线）就能用来预示 5 浪的终点（修正通道 1）。如果 3 浪运行非常强势，通道很陡，那么用它的顶点作出的平行线预测 5 浪终点将会很高就会不太准确。经验表明，此时用 1 浪高点代替 3 浪高点作修正后 2 浪与 4 浪终点连线的平行线更能准确预示 5 浪的终点

（修正通道2）。

2. 回调幅度的交替

如果2浪是急剧性调整，调整幅度在61.8%~80%，那么4浪就是盘整调整，调整幅度在38.2%~50%。反之，如果2浪是平台形调整，调整幅度在38.2%，那么4浪就是锯齿形调整，调整幅度在61.8%，见图3－20。

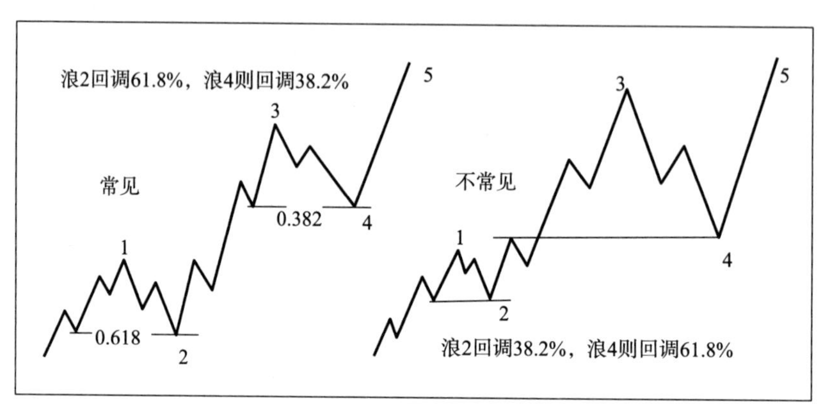

图3－20 回调幅度的交替

3. 翻越

当一个明显上升趋势通道形成后，价格沿着趋势形成的方向运动，其运动阻力是最小的。这是自然的力量，就像河水在河床通道中流淌一样。另外，从心理学角度讲，假定在一个上升趋势中，当人们看到一个明显趋势通道时，很容易会形成在通道支撑下轨买，在通道主力上轨卖，卖得多了跌到下轨再买，就是这样循环向上运动。

价格沿着阻力最小趋势运动是场内资金运动的迹象，当一个外力（场外资金）进入后，价格打破原先运动轨迹，突破上升通道上轨，这就是艾略特所说的“翻越”。

如图3－21所示，ⅱ浪的调整紧贴在平行通道线下横盘调整，ⅲ浪中⑤浪在实现翻越时放出大量，价格突破通道后在最高点成交量达到最大，之后回撤成交量逐渐减小。

另一种情况，价格在平行通道内运行，如v浪在成交量萎缩中向平行通道上轨运动，就说明v浪的终点将要到达或到达不了平行通道上轨。

同样的特征，翻越也会在下降趋势通道线中发生。艾略特曾经警告说，浪级较大的翻越会使翻越期间的浪级较小的波浪难以识别，因为，最后的第V浪时常向上穿越过浪级较小的价格通道。

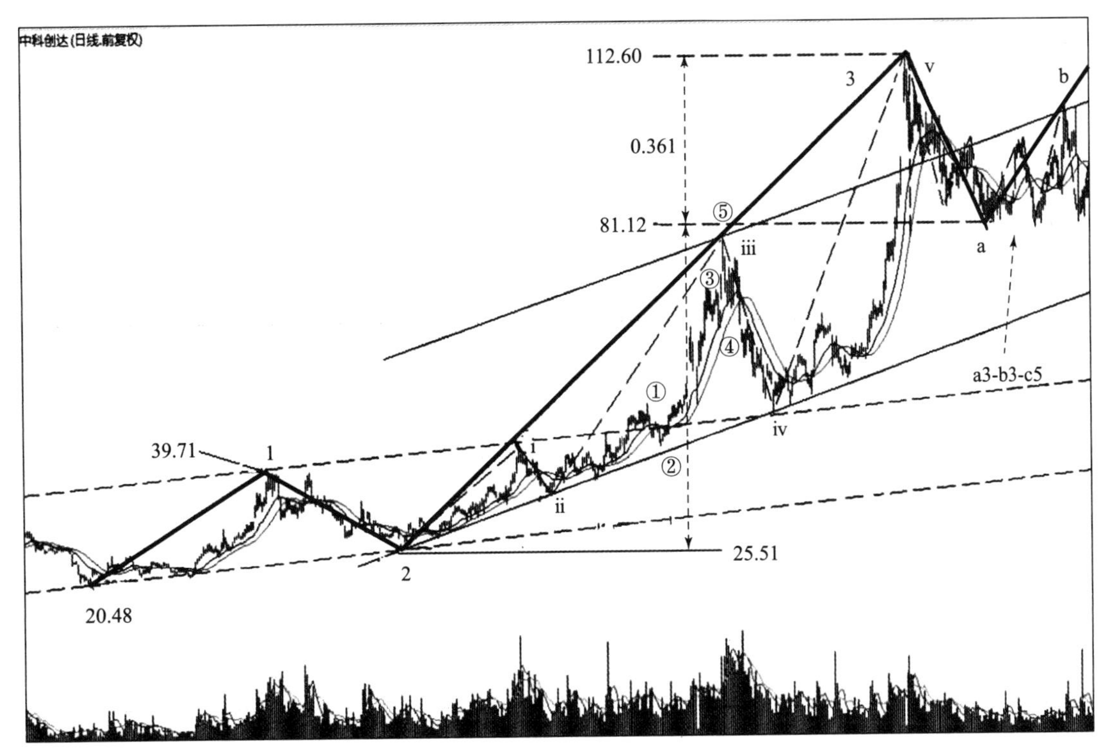

图3－21 推动浪通道线

四、第四个指导方针：波浪等同

在波浪理论指导方针中，一个五波上涨序列中的两个驱动浪在运动时间和幅度上趋向等同。如果其中一个驱动浪是延长浪，那么，另外两个驱动浪通常会出现等同，尤其是第3浪延长，这种情况尤为明显。如果完全等长达不到，那么0.618很可能是下一个关系，波浪等同常常极为准确。

第七节 5-3结构与成交量的关系

分析股票或选股，成交量都是重要依据，在量价关系中量为先，成交量与价格就像主人跟狗一样，狗跑得再远，主人不动它就得回来。我们应用波浪理论及角度线判断空间价格支持位及阻力位，都离不开成交量的确认问题。没有成交量的支持，价格趋势就不能得到支持，这是量价的本质。因此，我们非常有必要依据一致性原则，系统地对成交量进行分析和运用。

时间与价格是可以相互转换的，而成交量与价格本身就存在着一定的联系，那么市场中，时间、价格与成交量之间就存在着一定的关系。因此，我们在分析成交量时，不是只关心成交量，还要结合波浪理论中推动浪、调整浪与成交量之间的关系。主要有三方面：推动浪、调整浪与成交量的关系；压力与支撑水平位上成交量对价格的作用；在趋势运动中成交量对价格趋势的影响。

这三条将是我们判断市场的趋势方向和转折的重要依据，实战意义重大。为了比较深入地领会成交量的作用，就必须了解成交量与价格的运动方式以及它们之间的关系。

一、成交量与价格的运动的关系

市场对大多数参与者而言是不可预测的。市场经常会发生意想不到的非理性的价格运动。主要是受贪婪、恐惧两种情绪左右和影响而导致的。由于这两种情绪的非理智性，往往发生在非正常量价关系的市场中，也就是我们通常说的量价背离。这种情况如果正好又是在时间窗口上，或是在关键黄金比率位置上，我们就要特别关注市场可能随时会变盘。

在上升趋势中，量价背离就是指价格上涨而成交量在减少，这意味着买入的人在减少，而往往在此时进场的人多半是受贪欲的影响。同样地，如果价格下跌伴随着成交量的增加，那就是市场中恐惧情绪占据了优势，卖方筹码非常多。所以，要认识恐惧或贪婪对市场的作用和支配，要了解情绪从一个方面到另一个方面的变化，一个简单而容易的方法就是将自己的角色变换一下，即用买方与卖方互换来体会。量价关系主要分以下4种：

（1）价格下跌伴随着成交量的增加，表明市场的卖方筹码非常多。

（2）股价向下运动而成交量在不断地减少，表示卖方的筹码已经不多（或缺少卖方）。

（3）价格上升并伴随比较高的成交量，说明买方踊跃（或买方富有）。

（4）价格上升，成交量下降意味着缺少卖方，产生量价背离现象，价格得不到成交量的配合难以持续上涨。

江恩认为，经常研究市场每月及每周的成交量是极为重要的，研究市场成交量的目的是帮助我们确定趋势的转变，利用成交量的记录可以确定市场的走势。

二、成交量的分析

1. 成交分析的步骤

用成交量分析价格运动，要识别股价在什么位置，也就是要知道价格在哪个级别的哪个浪。要特别注意连续数天成交量骤增或骤减的情况。为避免单日成交量波动受消息刺激，一般采取以下三种方法。

（1）采用成交量移动平均线来判断成交量变化的趋势，建议用10日成交量均线。在江恩理论中，往往用月或周的成交量来分析，主要是为了避免日成交量波动的干扰。

（2）在价格与成交量趋势相符的地方绘制趋势线，监控价格走势。

（3）确定价格安全区域。利用观察价格与成交量之间的关系，识别价格运动趋势的顶部和底部。买卖价格安全区域的确定需要按一致性原则综合判断，应从趋势、空间、形态三个方面的一致性进行综合分析判断。

2. 分析成交量的作用

应用5－3结构和成交量分析市场趋势应注意：

（1）5－3结构分析必须配合成交量。价格完成一波上涨或下跌行情，在波浪终结点产生量价背离，形态结构与成交量形成一致性和谐共振，完成对波浪终结的确认。

（2）市场到达重要支撑、压力位，成交量的表现是否配合，见顶或见底时得不到成交量配合的市场，折返的机会便增加。

当市场热情高昂，交易者蜂拥入市的时候，成交量经常大增，这时顶部就快到了，此时大众热情高昂入市，就是大户或机构派发出货的时候，主力派货完毕后，坏消息浮现，也是市场见顶的时候。因此，大成交量经常伴着市场顶部出现。

当市场持续下跌接近尾声时，大众投资者亏损严重，情绪低沉，交投清淡，成交量逐渐缩减的时候，则表示市场底部随即出现，反弹也指日可待。

因此，通常价格的上升是由成交量来推高的，巨大的成交量伴随着最高的价格（所谓天量出天价）。同样，一个下跌过程开始时也伴随巨大的成交量。当成交量放大时，价格正在上升，突然你发现卖方活动增加，这时要小心了。这意味着大户或机构正在卖出他们的筹码套现。这种情形通常持续1~4天，并经常会出现价格的震荡。然后，市场将会重新开始原有的趋势。如果价格的震荡期间超过正常的时间结构，它意味着获利平仓盘仍正在进行，将有头部症状出现。

3. 成交量对趋势的确认

研究与成交量相关的价格趋势，分析正常的量价关系与非正常的量价关系，可以帮助我们确认趋势的可靠性，确定成交量对价格的支持是否可靠。

在交易的过程中，确保资金的安全是第一位的。如成交量可以确认上升趋势是健康的，所持股票就是安全的；如成交量不能确认趋势将依旧延续，也就是说上升趋势没有成交量的配合，那持有股票就是不安全的。市场价格的运动在一半时间里是有方向性的运动。我们需要使用一个增加或减少的成交量模型来监督价格运动是否正常。也就是说如果价格运动方向与成交量变化方向是相同趋势，就可以判断价格趋势是安全的。

在分析成交量与趋势变换时，还有一种情况，就是成交量维持在同一水平，而价格呈下跌或上升趋势运动，可以参照成交量级别判断、分析指标。

一个正常的量价关系表示价格受到了成交量支持。其含义可以从市场成本和筹码的供求两个方面来说明。

在上升的市场中，量价齐升说明市场成本的重心被不断上移，越高的价位出现越多的成交量，就是一个新资金不断兑换低位筹码的过程，形成新的较高的市场持筹成本，只要价格不跌破这个成本区域，价格上涨就是健康的，成交量对市场的支持作用就存在。同时，从供求的角度来讲，只有较大的需求才能消化市场不断增加的获利筹码，才能形成相对的筹码供应短缺的局面，进而引发价格的上扬。但是，这种局面最终会导致贪婪性的买入。

在下跌的市场中，价跌量减使得市场多头头寸处于全面的亏损之中。在下跌的初期，市场的成本重心仍保持在一定的高度，它就成为一种空中压力，每一次的反弹都会招致它的打击。从供求看买卖成交进一步趋淡，需求不足，进而引发价格的进一步下跌。这种局面在心理上造成恐慌的情绪，于是一个恐慌性的卖出就会出现。在价格下跌的最后阶段会出现恐慌性抛售，表现为成交量放大、价格加速下跌，而当恐慌盘出净，市场就会出现一潭死水一样的宁静，此时就将迎来反转。

同样，在市场高位也会出现贪婪类型的买盘，也就是下降的成交量与继续上涨的价格会形成虚假繁荣的买进，贪婪性的买入表现在一个上升的趋势的末端或在高位的获利筹码的派发中。由于受价格惯性或大资金的影响，价格上升而成交量却不能同步跟进。这表明，需求已经在减少，一旦筹码的供应大于需求或是价格失去惯性就会引发价格回落。而这个回落的初期通常会引发较大的兑现抛售行为，从而使得趋势进入下跌或调整。

恐慌性抛盘一般出现在一个下跌趋势的末端，市场在经过较大幅度的下跌后，市场情绪低迷，一切消息都会成为一个兑现出货的理由，当大众的心理到达恐慌的绝望期，市场便出现最后的一跌。这是因为大量的抛售使市场的成本中心不断下移，并在底部形成相对稳定的筹码分布区域，使筹码的锁定性提高。从供求上来看，大量的恐慌性抛售减少了筹码的供应，要卖的都卖了，不卖的都在耐心地等待多头行情的到来。

正常的量价关系（供求关系）反映了市场的基本原理，而得不到成交量支持的非正常量价关系更多地反映了市场反应过度的行为。索罗斯的反射理论说的就是如何利用市场的过度反应，是最好的投资机会。

贪婪性的买盘和恐慌性卖盘都会使价格的运动具有较高的不稳定性。懂得了这一点，交易者就会对此做出应有的反应。贪婪性买进时常发生在那些靠近顶部的地方，买进的交易者期待能够赚取一定的利润。由于大家一致地期待一个好的价格，卖盘在逐步减慢，也就是说，价格在萎缩的成交量中上涨。但在顶部产生时常会出现戏剧性的抛售。如果用价格和成交量来衡量一个顶部和底部，那么一个快速上涨的价格伴随一个突然增加的成交量，这是个疯狂性买入，超过 1 周的疯狂买盘，其结果是导致一个主要的或是中级的头部；相反，一个卖盘高潮时，随价格突然快速下降并成交量突然放大，超过几天，则有可能是一个底部。

三、5 -3 结构与成交量的关系

艾略特对成交量有与上述同样的描述，艾略特认为，成交量随价格变化的速度放大或萎缩是自然倾向。在调整阶段后期，成交量萎缩通常表示卖压下降。市场中成交量的最低点常常与转折点同时发生。在大浪级以下，正常情况下第 5 浪中的成交量往往比在第 3 浪中少。如果 5 浪成交量与 3 浪持平或放大，那么 5 浪将走出延长浪。如果 3 浪和 1 浪上涨幅度基本相等，至少可以预测 5 浪延长的可能性极大。同时，3 浪和 5 浪成交量持续放大，也可能出现罕见的第 3 浪和第 5 浪都延长。下面举一个实际例子。

如图 3 -22 所示，汇顶科技自上市起，走出了一波向下询价调整走势。最后一波调整在 W 点出现 C 浪杀跌！价格以跳空形式急速下跌，并伴随恐慌盘杀出，成交量显著放大出现量价背离现象，最低点跌至 60. 31 元。

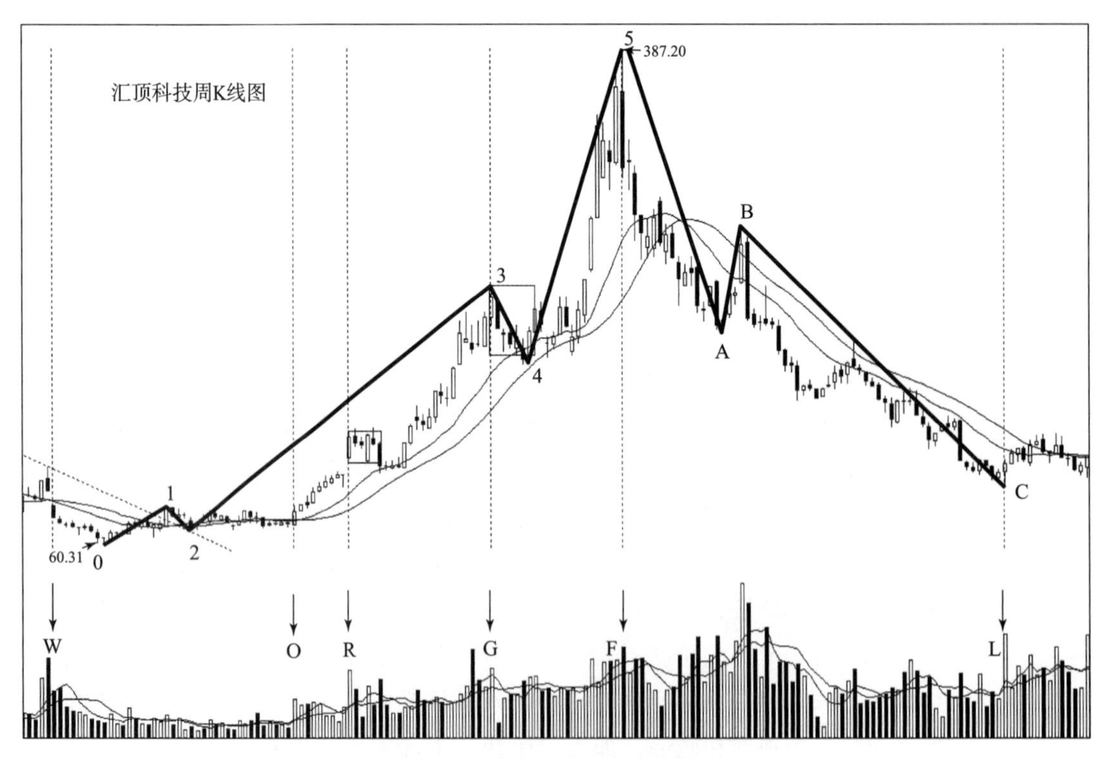

图 3 -22　汇顶科技 5 -3 走势图

如图 3－23 所示，1 浪内部三个推动浪的量价关系是符合常规的，ⅰ浪小幅放量，ⅲ浪量能达到最大，ⅳ浪出现量价背离。价格进入 2 浪调整，2 浪是以 3－3－5 平台形调整结构展开，调整 p 区域成交量明显小于上升 1 浪运动 k 区域成交量，2 浪中的 C 浪杀跌同样也出现恐慌性卖盘，出现量价背离，终结点 C 的成交量萎缩至极。

从 3 浪ⅲ开始股价跳空高开（图中 Z 点），并伴随更大成交量突破自上市以来的下降调整通道上轨，最为关键的一点是，价格突破大一级别的下降趋势后，拒绝回头确认突破点，确认是在突破点上方横盘完成的。这里还有一个关键点，就是横盘调整过程中，成交量都远远大于 1 浪上涨区域成交量，显示出主力坚决看好后势做多意愿。

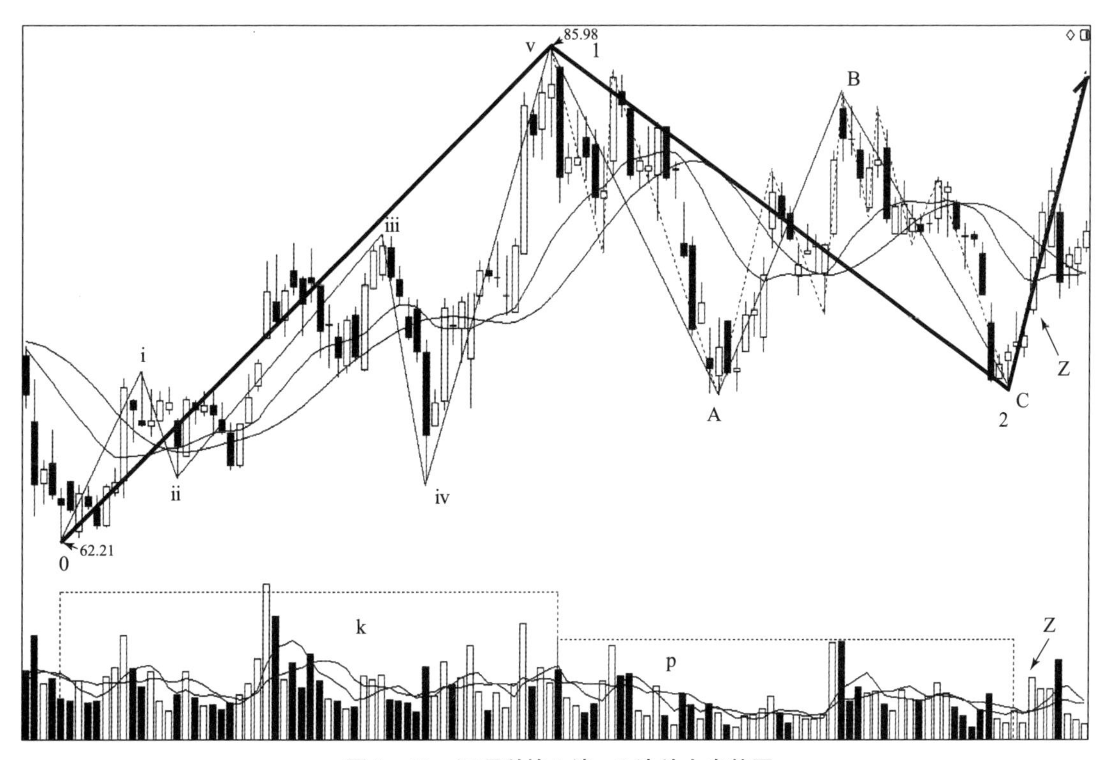

图 3－23　汇顶科技 1 浪、2 浪放大走势图

我们再回头看图 3－22，突破下降趋势线后，经短暂横盘整理价格突破 1 浪高点，进入快速拉升阶段。在 3 浪走出延长的情况下，4 浪接近回调 32.32%，并且调整期间成交量均大于前期上涨推动浪的成交量。从调整幅度和成交量上都显示了强势特征。之后价格又走出了强劲的第 5 浪。

成交量是价格的主人，随着股价的上升成交量不断放大，市场成本的重心被不断上移，越高的价位出现越多的成交量，就是市场不断有新的资金愿意在高位兑换低位筹码的过程，从而形成新的较高的市场持筹成本，只要价格不跌破这个成本区域，价格上涨就是健康的，上升就将持续。在大浪级和大浪级以上，成交量往往会在上涨的第5浪中放大，这仅仅是因为长牛强势股带来长期增加的大量投资者所致。大浪级以上的牛市终结点常常伴随天量天价。

另外就是我们前面讲的翻越现象，价格突破趋势通道线或倾斜三角形阻力线，必然伴随着成交量的剧增。同样没有成交量的配合，任何翻越都将失败或者说是主力的一种试盘行为。

第八节　5－3结构与江恩角度线

一、波浪理论5－3结构与江恩时间价位正方形

如图3－24所示，受江恩时间价位计算器的启示，由于市场是根据8×8＝64方格时间与价位的正方形运行，若配合波浪理论分析所产生的效果非常和谐。

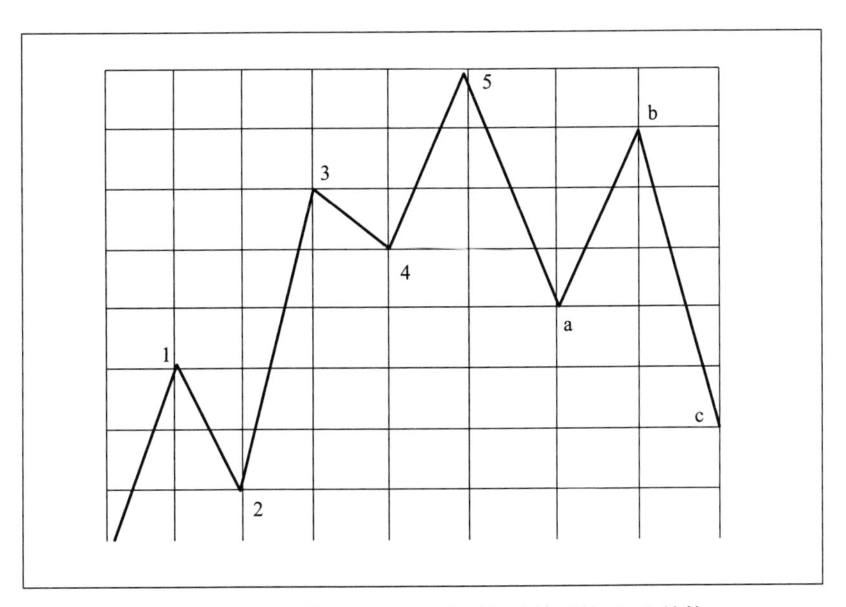

图3－24　江恩的时间价位正方形与波浪理论5－3结构

波浪理论认为：在一个循环里面顺流5个浪，逆流3个浪，两者相加便是8个浪；以时间角度分析在一个循环之中，升市有5段时间，跌市有3段时间，合计8段时间；从价位角度观察，升市有3个阻力位（1浪、3浪及5浪），有两个支持位（2浪及4浪）；跌市则有一个阻力位（b浪），两

个支持位（a 浪及 c 浪）。换言之，亦即 8 个重要的价位水平。

整个波浪形态的推动浪及调整浪，皆在“八八六十四”的时间及价位正方形的架构内运行。掌握市场的时间及价位结构，关键在于寻找到适当的时间与价位之间的单位比率。

二、波浪理论与江恩角度线

江恩角度线是分析预测趋势变化，提供支撑压力区域和时间的最有效、最直接的一种方法。能使“价格—时间”更直观地表现出来。江恩确信时间是判断趋势变化能否是预期结果的主要因素。江恩角度线投射出股票价格在图上的自然节奏，对分析价格趋势和对市场运动的预期提供帮助。

图 3－25 表明市场价格运动和江恩角度线之间的协调关系。首先画出角度线，以 2018 年 1 月 29 日 3587.03 点为起点 0，结合调整低点 a 点画出的 1:1 下降江恩角度线。角度线中 8:1、4:1、3:1 和 2:1 对价格走势的顶和底部都能预先被预测，价格运动遇到未来江恩角度线的支撑或压力。从所有的推动浪的顶和底部画江恩角度线。

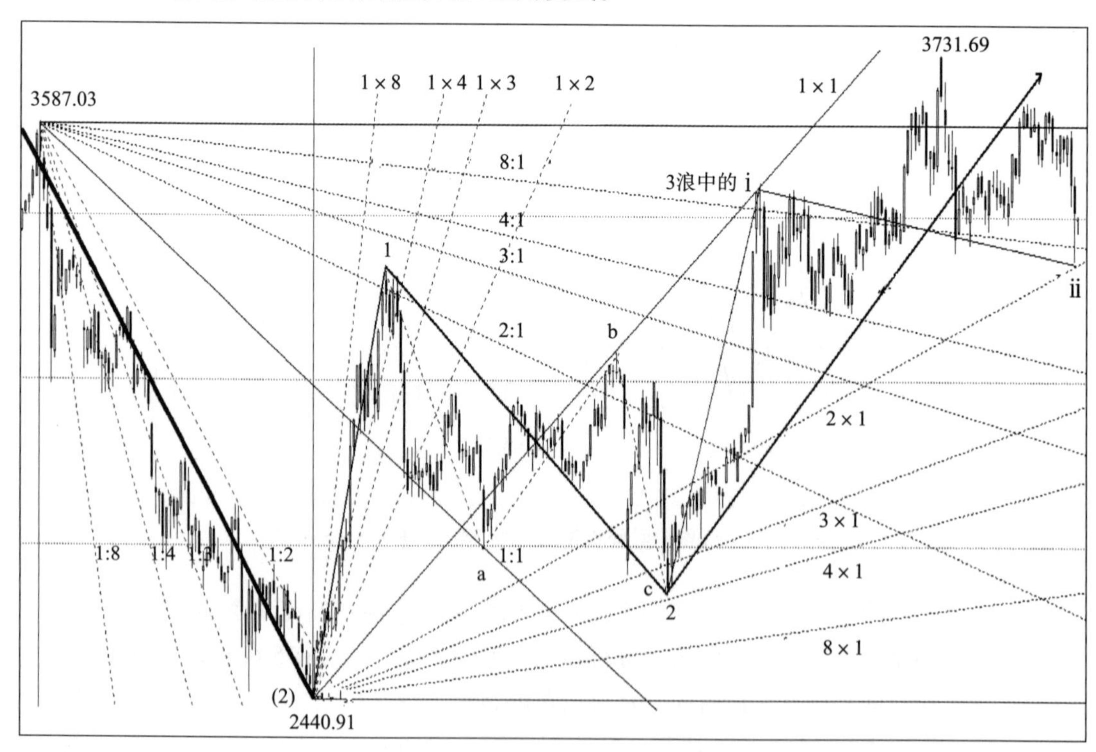

图 3－25　上证下降与上升角度线

2019 年 1 月 8 日 2440.91 点是上证指数走势（3）浪中 1 浪的起点，以（3）浪中 1 浪起点与 2 浪中的 b 点连线画出的上升角度线 1×1 线，得到江恩上升角度线。实际中 3 浪中的 i 浪的最高点基本上是在上升角度线 1×1 与下降角度线 8:1 的交叉点区域。上升角度线与下降角度线无论在哪里交叉，都很可能存在一个修正的波浪转折点。重要的支撑和压力能很容易从最高点、最低点射出的若干角度线的交叉点标出。一条角度线没有被有效突破或跌破，那么，它表示这根角度线具有较大的支撑的力量。如果价格运动在两条江恩角度线的交叉点上边，并且朝顶点向上移动，趋势折返的可能性就较大，而且趋势会偶然出现加速运动。

判断价格大概运动方向的最好方法是价格运行的角度。一个有力的推动浪进入江恩角度线交叉点将显示出趋势的加速度和多变性，这种分析同时适用于熊市和牛市。

应用波浪理论 5－3 结构与江恩角度线配合使用时，主要是江恩角度线的支撑、压力作用的有效性与波浪理论一波行情完成内部形态结构，二者出现一致性和谐共振，得到的分析结论将更有效。按角度线显示出股票价格转向的支撑、压力的投射区域，结合一波行情走势的内部形态结构是否也在这一投射区域内完成，来判断并做好应对策略及交易计划。一旦股票价格进入投射区域，就按事前确定好的应对策略及交易计划实施。

在实际中很多例子都可以证明，在波浪理论应用中，将时间、价格和波浪特征与江恩角度线支撑、压力相互确认，具有非常重要的应用价值。使用江恩角度线配合最适当的波浪计数，可以确定市场的转折。例如，当价格完成五波上涨后的调整浪，在 38.2%、50% 或 62% 哪个折返比率上终结，江恩角度线就可帮助你做出精确的选择，角度线可以作为确认价格回调深度的一种方法。

如图 3－25 所示，2 浪结束价格反弹到 2×1 上升角度线遇阻回调，二次上攻突破 2×1 角度线后。经过一段横盘整理得到支撑，放量拉升，走出了一根历史性的大阳线，仔细看一下，2 浪调整低点也基本落在 4×1 上升角度线上，从技术上讲 3 浪中 ii 浪低点是突破 2×1 角度线后的一次回头确认。

江恩理论和艾略特波浪理论的结合使用，可以相互补充、相互确认，使我们交易的成功性大为提高。成功结合使用两种方法，可以产生出比单独使用任何一个方法更为准确的结果。

第九节　应用“二波结构”分析5－3结构

“二波结构”是我学习、研究波浪理论时发现、总结、创立的形态结构分析理论。价格运动过程的本质是一个接一个的多空博弈过程，“二波结构”是多空博弈的最基本结构，二波结构反映的是一个完整的多空博弈过程，是价格分析的最小单位。研究“二波结构”的特性，对认识价格运动的本质有着特殊的意义。

一、“二波结构”与多空循环结构

1.“二波结构”与多空循环结构定义

二波结构：笔者将上、下（下、上）的二波走势称为“二波结构”，见图3－26中细线。

多空循环结构：二波结构的次级别是一个完整的3－3或5－3多空循环结构，笔者将这个次级别3－3或5－3结构称为“多空循环结构”，见图3－26中粗线。

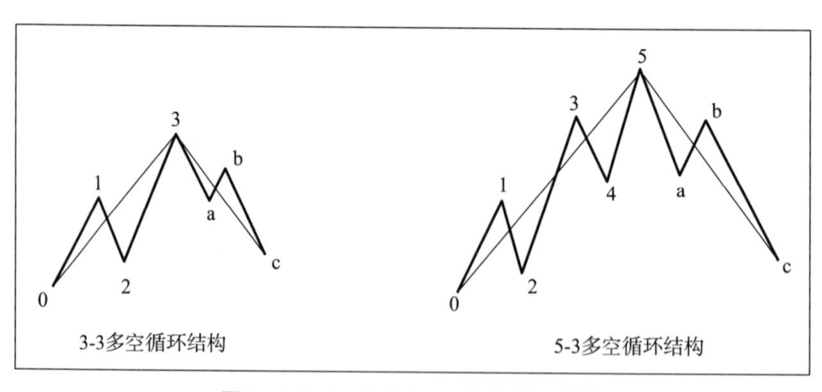

图3－26　3－3或5－3多空循环结构

2. 二波结构与多空循环结构的含义

3－3 结构的含义：二波结构内部是一个 3－3 多空循环结构，其含义是表示趋势为盘整走势，属于整理结构。

3－5 结构的含义：二波结构内部是一个五波推动浪和一个三波调整的 5－3 多空循环结构，其含义是表示趋势的延续性，属于趋势结构。

3. 二波结构分析法

笔者将二波结构的次级别 3－3 或 5－3 两种结构统称之为最小多空循环结构单位，当两个以上的最小多空循环结构单位完成后，就可依据最小多空循环结构的起点终点，以及由起点和终点构成的速率线，来对比它们之间多空力量的变化，判断力量变化方向，推断出下一个最小多空循环走势方向，可以重复延续下去。分析的理论基础依然是道氏理论关于趋势判断的两个理论，方法具有很强的逻辑性和可复制性。笔者将这种分析方法称之为“二波结构分析法”。

二、价格运动的基本形态

1. 三波（N 形）整理结构

如图 3－27 所示，在正常状态下，一般价格会呈现三波（N 形）整理结构，N 形结构是一种最稳定的价格运动结构。N 形结构的次级别 3－3 结构是自然界平衡规律的特征，是价格常态下沿着最小阻力方向运动的体现。

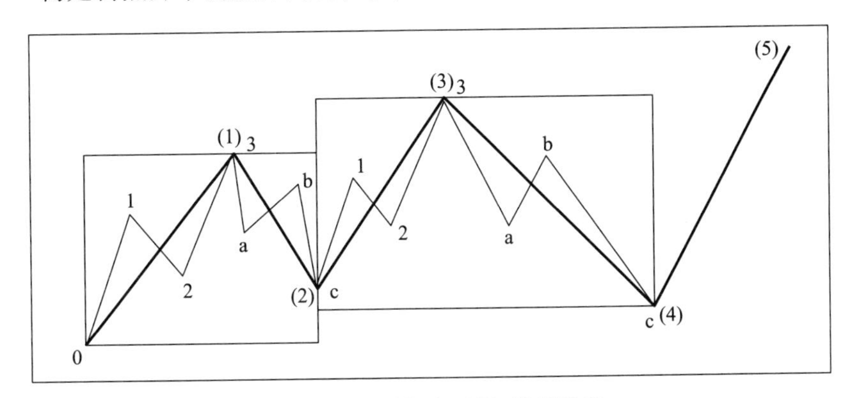

图 3－27　三波（N 形）整理结构

N 形结构是由次级别驱动浪 123 和调整浪 abc 组成的多空循环Ⅰ，加多空循环Ⅱ的推动浪 123 组成。本级别是三波［（1）、（2）、（3）］整理结构，接下来的（4）回调幅度将是（1）-（3）的 61.8%~80%。

2. 变异三波整理结构

如图 3-28 所示，（1）浪、（3）浪内部是五波结构，之后由于（4）浪回调与（1）浪发生重叠，（1）浪、（2）浪、（3）浪就会合并成（1）-（3）盘整走势，并与接下来的（4）浪、（5）浪构成一个新的三波整理走势结构。发生这种情况的原因是（3）浪内部结构（4 浪与 1 浪重叠）走势不符合推动浪的三大铁律，上涨动力衰竭，从而引发较大的（4）浪调整。因此，在实际操作中，必须注意（3）浪内部结构，（3）浪内部结构必须遵从三大铁律，否则就不是（3）浪，依然是（1）浪的延续。

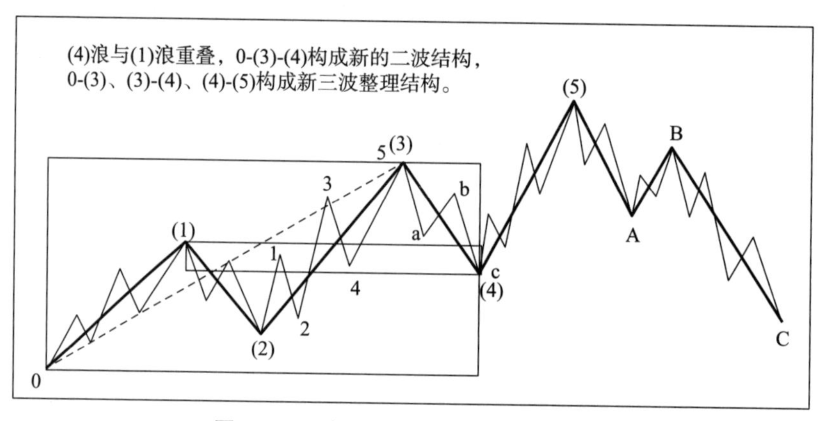

图 3-28　变异三波（N 形）整理结构

3. 五波趋势结构

如图 3-29 所示，由（1）浪、（2）浪、（3）浪、（4）浪、（5）浪构成的五波结构，是由两个二波结构加上一个推动浪组成。二波结构的次级别是 5-3 多空循环结构，其含义表示趋势的延续。以多头为例，5-3 多空循环Ⅰ形成后，多头胜利必定会产生一个同方向的五波推动浪走势，也就是波浪理论中的（3）浪，接下来（4）浪的调整位置是关键，在这里艾略特明确指出（4）浪不能与（1）浪重叠，因为（4）浪与（1）浪重叠的话，（1）浪、（2）浪、（3）浪就会合并成一个盘整走势的上升段（图 3-28 中的情况）。（4）浪的调整不与（1）浪重叠，5-3 多空循环Ⅱ终结，则会产生 5-3 多空循环Ⅲ的上升推动段，也就是（5）浪。3 个多空循环的三波上升推动段，升级为高一级别结构的上升推动段一浪，当下将展开高一级别由 ABC 组成的二浪调整。因此，需仔细观察多空循环Ⅲ中的 abc 调整段是否会引发高级别的 ABC 调整浪。

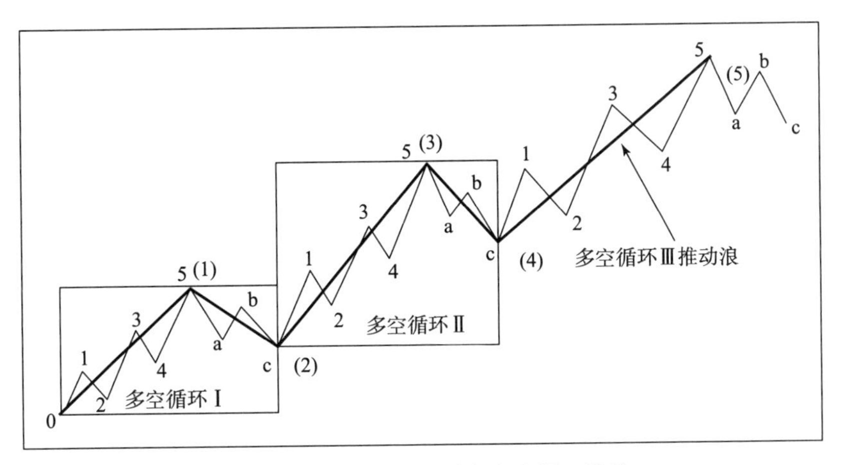

图 3－29　五波趋势结构与多空循环结构

4. 延长浪——（7）浪或（9）浪的上涨逻辑分析

如图 3－30 所示，现在应用二波结构（多空循环）分析一下波浪理论中的扩展（7）浪或（9）浪。之所以产生（7）浪或（9）浪，原因是多空循环Ⅲ中的 abc 调整段调整力度弱，多方趁机突袭，打出多空循环Ⅳ。虽然多空循环Ⅳ走出了（7）浪，但形态结构上却只有三波整理上升结构，所表达的含义依然是调整。如多空循环Ⅳ的终点高于起点，还将产生二次向上攻击走势，创出新高产生（9）浪。延长推动浪的出现，是因为市场人气过旺，属于非理性上涨，投资者一定要明确这一点，要仔细观察分析（7）浪内部结构，一旦小级别趋势走坏，应立即卖出，至于（9）浪只能以短线、小仓位参与。

实际从调整浪结构上分析，（5）浪结束，走出的延长（7）浪也可以看作是顺势平台形调整浪，市场人气过旺（6）浪调整幅度过小，反弹浪突破（6）浪起点。走势特点：（7）浪中的 1 浪终点超过了（6）浪的起点，而（7）浪中的 2 浪终点没有触及（6）浪的起点，没有发生重合现象，又向上打出了（7）浪中的 3 浪。（7）浪上升力度虽然强劲，形态上却只有三波上升结构形态，表面上是强势上涨，实际上属于强势调整。

应用二波结构（内部次级别是多空循环结构）分析艾略特 5－3 结构可堪称完美，尤其是对扩展浪的解释，在理论逻辑上可以说是天衣无缝。应

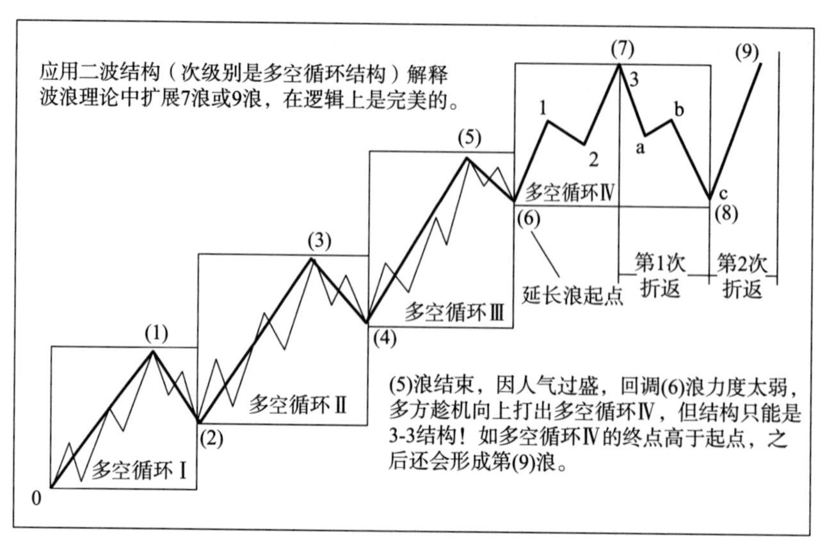

图3－30　延长浪——（7）浪或（9）浪逻辑分析

用多空循环结构分析，是对比多空循环结构中推动浪与调整浪的力度，对调整浪内部复杂的结构分析用不着太严格，可以起到化繁为简的效果。

应用二波结构分析5－3结构，可以发现5－3结构的划分是将多空循环Ⅲ内部结构中的推动浪、调整浪分割开，5－3结构的划分使得多空循环Ⅲ的多空博弈逻辑丧失。反过来，如果用二波结构对5－3结构进行划分，价格的走势结构非常清晰，分析逻辑上也更符合道氏关于趋势判断的两条理论。将5－3结构用“二波结构”划分：1浪与2浪、3浪与4浪、5浪与A浪、B浪与C浪划分成4组二波结构，前3组二波结构起点和终点都在逐渐抬高，上升趋势延续，最后一个二波结构中的B浪高点没有超过前高，而且上涨幅度不足前一个二波结构调整幅度的70%，则表明上涨趋势已经走弱，当下移到小级别上观察，小级别趋势一旦被破坏应随即卖出。当价格跌破最后一个二波结构起点时，最后一个二波结构随即由多头转为空头态势，价格将进入快速下跌，也就是C浪杀跌！由此可见，应用二波结构分析5－3结构，逻辑上是清晰的。

按照5－3结构，4浪结束，第5浪可以说是收获的季节，怎样才能保证不过早或过晚收获这个成果，是所有投资者要探讨的问题。我处理问题的方法，讲究化繁为简，在这个问题上，我是将所有已经完成的多空循环结构中，调整幅度计算出来，当发现最后一个计算结果大于前边最大调整幅度时，随后进入小级别观察，当反弹趋势被破坏，出现卖出信号，则立即卖出80%仓位，这也就是前面讲的多空分界法。

5. 应用“二波结构”划分艾略特 5－3 结构

如图 3－31 所示，依据“二波结构”理论将 5－3 结构划分成 4 组二波结构。二波结构Ⅰ、二波结构Ⅱ、二波结构Ⅲ的高点都在逐渐抬高，其推动浪的内部结构都是五波结构，当价格跌破二波结构Ⅳ的起点 a，确立二波结构Ⅳ转为空头态势，二波结构Ⅳ未能突破二波结构Ⅲ的高点，并跌破前 3 组二波结构的上升趋势线，“双突”卖出条件成立。

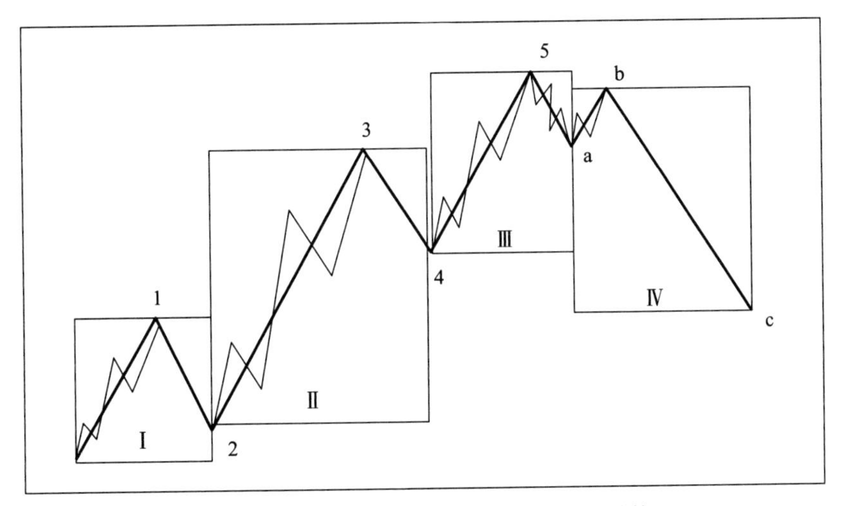

图 3－31　应用“二波结构”划分 5－3 结构

这里要注意，二波结构Ⅳ的推动浪内部结构与前 3 组二波结构的推动浪不同，是三波结构，三波结构的盘面语言是调整。在二波理论中，二波结构升级是以 3^n 方式升级的。3 组二波结构升级为大一级别二波结构的推动浪，从二波结构Ⅳ起进入大一级别的调整结构。

第四章

5-3结构与时间周期

价格走势是空间和时间的共同运动轨迹，价格运动的方向主要取决于趋势，分析价格走势最重要的是趋势，之后是空间结构和形态结构。而在形态结构分析中，形态、黄金比例和时间这三个要素缺一不可，有些人在使用波浪理论进行技术分析时，只注重形态和比例，而对时间不予考虑，他们认为时间关系在预测市场走势时不可靠。市场中有关“波浪理论”的资料中，关于时间的论述也是非常少的。本章笔者依据多年对波浪理论的学习与实践经验，对波浪理论分析中的时间问题进行了较详细的论述，并通过实际例子论述了时间这个因素在分析5-3结构的重要意义及方法。

第一节　黄金比例与斐波那契数列

一、黄金比例的哲学内涵

因为对数螺旋的起点和终点均为无限，几世纪以来，它们一直吸引哲学家的普遍关注。对数螺旋乃成长与衰败的终极定义，万物回归其本源，而且以新的形式再生。科学研究表明，以黄金比例为基础的螺旋在自然万物生长中具有一种特殊意义。黄金比例一直被视为代表“第一因子”的原始分割。不仅该比例的两个要素与它们所分割之单一体之间具有直接关系，而且这两个要素之间互有差异，从而保留了创造力。

不论一个人的哲学信仰为何，黄金比例与斐波那契数列在物质世界的重要性是无可否认的。它们是否为宇宙蓝图动态系统的一部分不得而知。但就最单纯的层面而言，自然界中依据黄金比例及斐波那契数列所构建的体系，其自身成长壮大都是完美而简单的，这种概念理当正确。自然界并没必要实际计划确定其最终形态，它也没有必要将相关的比率或数目植入所有 DNA 分子结构中，这些数字是单纯成长系统中自动的副产品。

让我们以螺旋状叶序为例加以说明。展现这种现象的树木与花草，其枝与叶会逐一成长，每一枝或叶都会在既存的枝或叶当中，寻求最大的生长空间。这样就能使每一个部分，乃至整体获得最大的生存机会。它所产生的形态恰为斐波那契数列所界定。

再以蜗牛外壳来说，其策略性生存需求也是如此，只是其战术性需求略有不同。显然，其外壳需要配合有机体成长，但如果蜗牛背上的外壳以长圆锥状扩张，便完全不切合实际需要。自然界的解决之道是让外壳外层的成长速度比内层快。内外两层之间成长速度之差异，自然导致了对数螺旋的发展。最终结果是由不同的生长率所造成的。

最后，“成功的”物种尽可能迅速拓展合乎自然界本身的利益。对数成长本身是成功的，同样，有理由认为对数成长之存在，是因为成功孕育了本身的成功。

价格交易属于大众行为，交易价格表面上看是混杂的、混沌的和随机的，实际混沌是更高境界的一种有序，这与自然万物的生长是一样的。波动是最根本的，万物生长都是如此，是自然本身的法则，波动的规律是普遍存在的，适用于地球上每一种现象。价格的成长与植物的成长过程一样，都遵循黄金螺旋规律。

二、斐波那契数列

1. 斐波那契数列

自然界万物生长与衰败的终极定律，这一点已经被世界所公认，斐波那契数列指的是这样一个数列：0、1、1、2、3、5、8、13、21……，在数学上斐波那契数列以如下递归的方法定义：$F_0=0$，$F_1=1$，$F_n=F_{n-1}+F_{n-2}$（$n\geqslant 2$，$n\in N^*$）。

用文字来说，就是斐波那契数列由0和1开始，之后的斐波那契数列的项就由之前的两数相加。依此类推下去，你会发现，它后一个数等于前面两个数的和。在这个数列中的数，就被称为斐波那契数。

2. 斐波那契数列的性质（最重要必须记住）

斐波那契数列有三个重要性质：

（1）数列中的每一项（第二项之后）皆为其前两项之和。亦即1+1=2，1+2=3，2+3=5，3+5=8，5+8=13，数列中的每一项（在某一项之后）可以用前面数项之线性组合来表示这种数列被称为递归数列。斐波那契数列即为第一个著名的递归数列。

（2）数列的每一项除以其前一项所得到的比率约为1.618。更精确地说，连续两项的比率在1.618上下浮动。其与1.618的背离程度，在数列之前段大于后段。1.618之倒数为0.618。也就是说数列中的每一项除以其后一项比率约为0.618。

（3）间隔项之间的比率为2.618，而其倒数为0.382。数列中的任何一项除以其前二项，则结果为2.618；如果除以其后二项，则结果为0.382。同样，该比率的精确程度，在数列之后段高于前段。

（4）相同程序可以重复在相隔较远的任何二项之间。在斐波那契数列中，间隔两项之任何二项的比率为4.236，其倒数为0.236；间隔三项之任何二项的比率为6.853，其倒数为0.146；依此类推。

重要的斐波那契比率：1/1.618 = 0.618；0.618 × 0.618 = 0.382；1.618 ×1.618 =2.618；2.618 ×1.618 =4.236。从斐波那契数列可以导出若干比率，比率之间又有许多相关性。

第二节 1浪、2浪与时间周期的关系

前面我们讲的，同级别推调浪中调整浪的时间要求，主要是通过三个维度的计算数据来判断调整浪的基本位置以及走势是否健康。其中时间方面的依据是“价格等于时间，时间等于价格”——江恩名言。进一步解释就是，当调整时间超越前期同级别调整时间时，趋势将要发生变化。

本节课要讲的1浪、2浪与时间周期的关系，是指应用1浪、2浪运行时间作为初始数据来判断后势3浪、5浪或调整4浪ABC浪的时间之窗。是对5-3结构中的各浪之间运行时间的总体分析。

一、1浪、2浪运行时间的意义

1浪是大级别的下跌趋势调整末期，多方进行的一次试探性进攻。1浪、2浪可以说是多空双方在初始混沌区域博弈中以多头小胜为终结的第1个子级别5-3循环结构，是多头进场第一次扭转下跌趋势的主动行为。在迷茫的下跌调整末期，一波凶猛的C浪杀跌使恐慌盘卖出，成交量放大主力资金进场，是主力资金有计划有步骤的行为记录。1浪、2浪没有完成时不确定性大，没有多大操作价值，可1浪、2浪具有非常大的分析价值，是分析后市的基础数据。对研判后市走势，无论是在空间上还是时间上，都有着重要的意义。

二、时间之窗分析工具——周期尺

在选择时间分析工具上，我感觉大智慧免费软件中的时间分析、画图工具比较好用，在这里介绍给大家如何使用。

1. 周期尺

周期尺是以一波上涨或下跌的运行时间为基础，应用黄金比例 0.382、0.618、1、1.382、1.618、2、2.382、2.618、3、3.382、3.618……来判断未来时间之窗的一个画图测量工具，具体应用方法如下。

如图 4－1 所示，2020 年 3 月 19 日上证指数自低点 2646.80 点起的一波上涨行情，7 月 9 日到达高点 3456.97 点（11 日高点量价背离属于虚假高点），这波上涨属于（3）浪中的第 1 浪上涨，共运行 75 天。

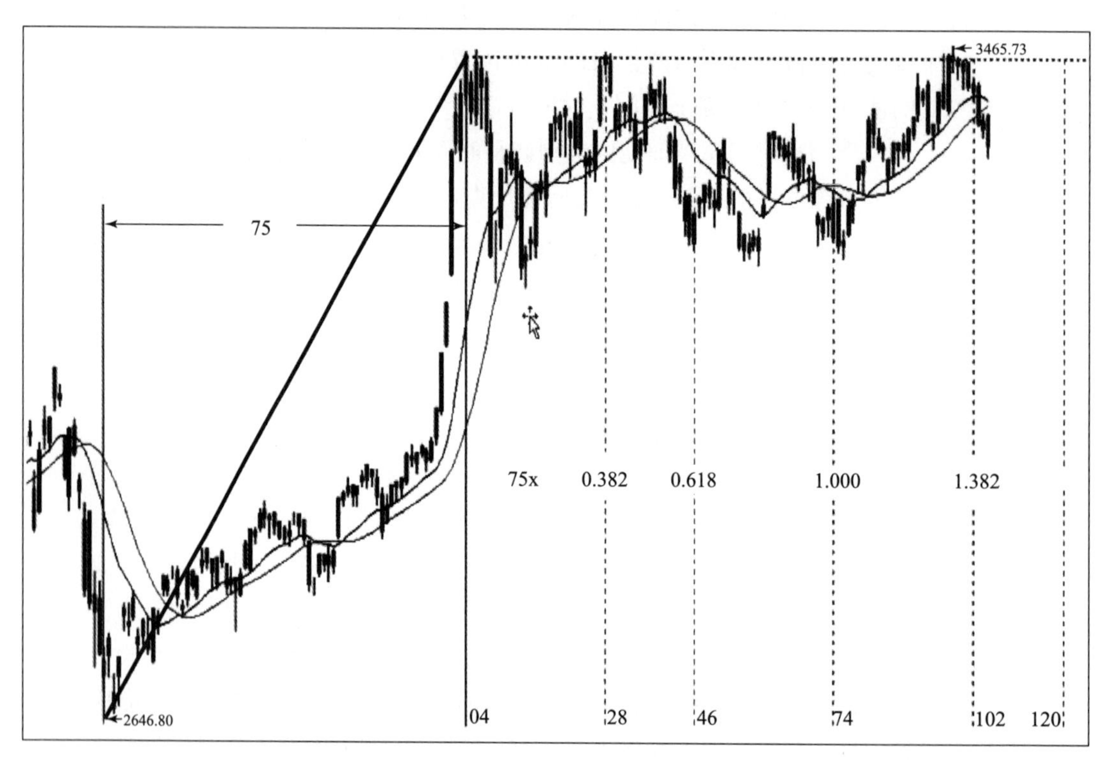

图 4－1　应用周期尺画出的上证指数时间之窗

2. 应用周期尺画图方法

如图 4－1 所示，画图方法是点取周期尺，连接一波行情的起点和终点就完成了画图工作，虚线是自然产生的，可作为预判后面走势的时间之窗。还有一点就是，如果起点和终点连接得不准，可以点击鼠标右键，再点击编辑划线，就可校正起始点的数据值及日期。

上证指数的这波上涨行情共运行 75 天，调整第 1 个时间之窗是 0.382 位置，时间是 75×0.382＝28 天；第 2 个位置是 75×0.618＝46 天；第 3 个位置是 75×1=75。以此类推，图中共有 4 个时间之窗，可以说，是相当准确的。下面再选一只股票作为例子。

如图 4-2 所示，中科创达 2018 年 10 月 19 日为起点的走势图，1 浪共运行 91 天。看一下 0.618 位置之后出现了 2 浪低点；1.618 位置恰好是 3 浪ⅱ起点，也是突破 1 浪后出现的最佳买点；2.618 位置可以说基本上是 3 浪ⅲ高点；3.618 位置也恰好是 3 浪高点。还有 3 浪ⅳ也在时间之窗 4 左右，3 浪ⅰ高点在时间之窗 1.382 附近。如图可以看出，不仅时间之窗精准是难以想象，而且，最主要的高点都在最主要的黄金比例 0.618、1.618、2.618、3.618 上，这种主要对主要、次要对次要排列法绝非偶然，体现了价格运动的自然协调性。

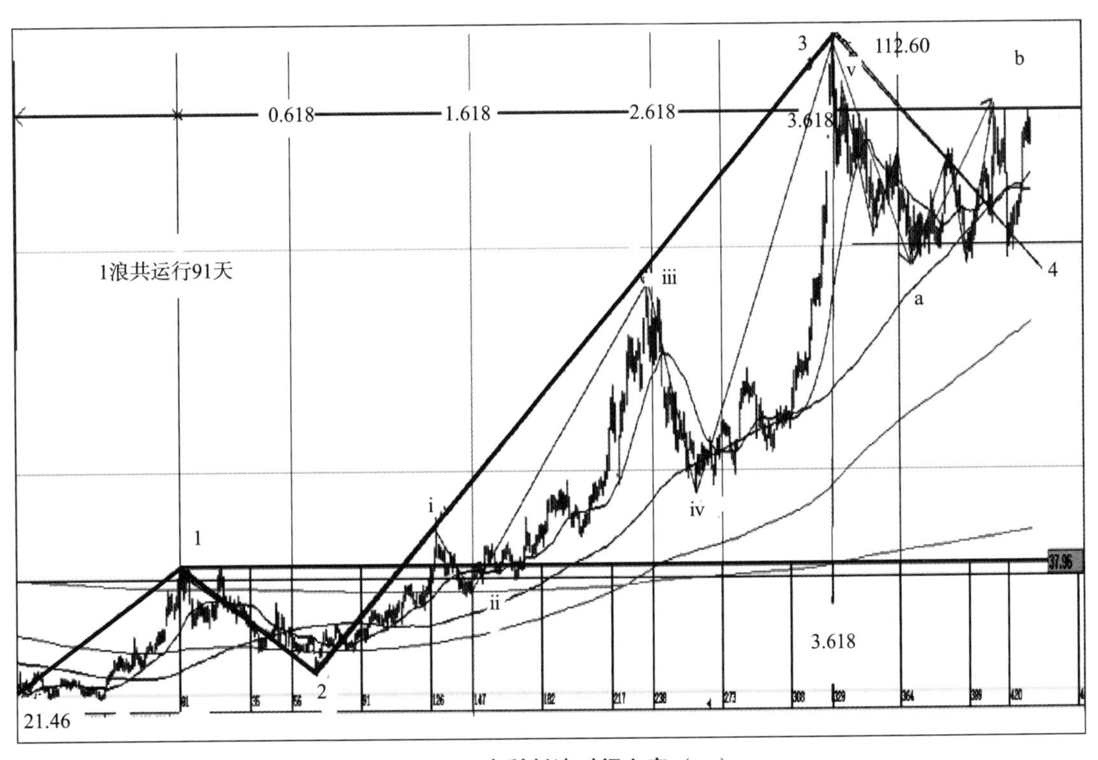

图 4-2　中科创达时间之窗（一）

时间周期尺还有一种应用方法，那就是依据推动浪与调整浪的运行时间为基础数据，测量后边走势的时间之窗，具体应用方法如下。

如图 4-3 所示，画图方法是点取周期尺，连接推动浪的起点和终点，然后将画笔转向调整浪终点，画图完毕，虚线是自然产生，可作为预判后面走势的时间之窗。同样，这种画法也可校正，方法与上面一样，点击鼠标右键，出现的编辑方框中有三个点价位与时间都可以校正：推动浪起点；

推动浪终点；调整浪终点。

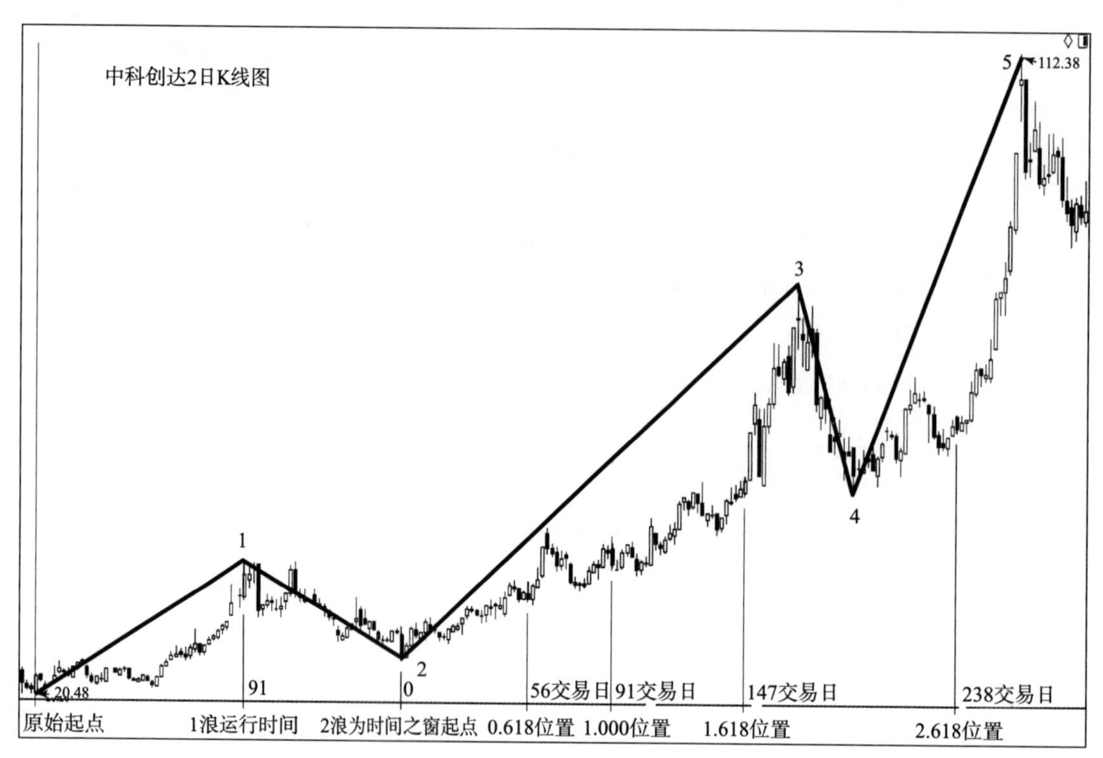

图4-3　中科创达时间之窗（二）

这种画法理论上依然是以推动浪1浪的运行时间作为依据，只是将预测时间之窗的起点移动到调整浪2浪的终点。可以看出，采用这种方法得出的未来时间之窗就没有第1种准确。但是要注意！准确、不准确与哪种方法无关，主要是主力资金运作时间周期不同，股票走势的时间之窗就不同。分析操作时两种方法都要试，首先在子浪上试，也就是说在1浪ⅰ和1浪ⅱ上试。如果都不准，那就要采取其他办法。时间之窗之所以比较难搞准，就是因为主力资金的操作手法不同。人的性格不同，习惯不同，做事的方法和步骤也不同，你若想跟它合作就必须了解它，要因人而异，不能用一两种方法对待所有人。

三、时间之窗分析工具——费波拉契线

费波拉契线是免费通用版大智慧里的名字，我感觉是整错了，应该是斐波那契线。名字不重要知道有这么回事儿就行。斐波那契线应用最简

单，只要找准起点，用画笔在起点上一点，一个0、1、1、2、3、5、8、13、21……的斐波那契数列就出来了，数列中的每一个数都是未来时间之窗。这个我就不举例讲了。

四、时间之窗分析工具——斐波那契时间

斐波那契时间工具的应用是以0.382、0.618、1.000、1.618、2.618、4.236、6.854、11.090、17.900……数列为基础展开的。

如图4-4所示，斐波那契时间的画法也很简单，由两个点构成：画笔起点，一般选1浪的起点；画笔的第2点是指斐波那契时间数列中的1.000时间之窗位。将2点落在K线图上哪一点是个关键问题，我选择2浪终点。笔者认为1浪、2浪内部结构是一个完整的5-3结构，也是多方与空方进行的一次博弈多方胜利的表现，是价格形态分析的基本单位。在实际画图中，移动画笔到第2点的同时，要注意前边0.382和0.618两个点是否与价格形态位置特征相符，如果前面两个点中的一点也恰好在1浪高点附近，那就说明对未来时间之窗的预测准确性能大些。

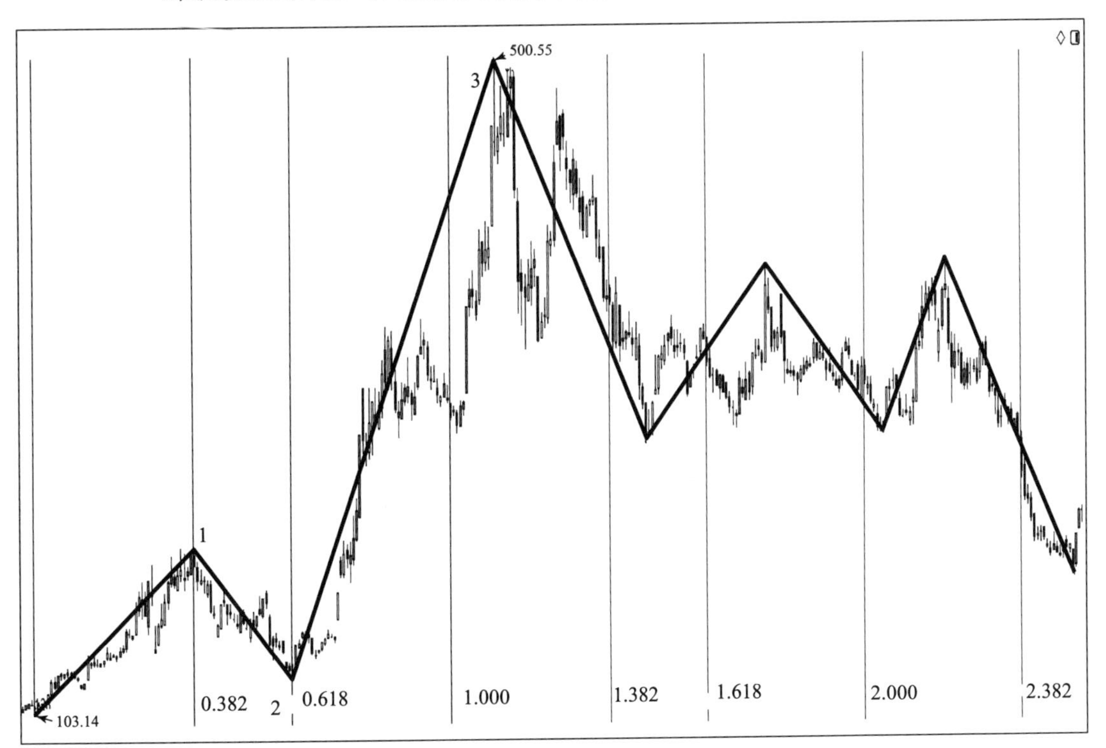

图4-4 安集科技斐波那契时间

五、周期线

1. 江恩的轮中之轮

周期线也称为江恩周期线，周期线应用的理论基础是江恩理论关于时间的论述，江恩没有说明市场循环的成因，后人只能从他留下的分析方法中学习。

“轮中之轮”是江恩的重要循环理论。量度时间的基础来自地球的自转。江恩的市场周期循环理论最短为4分钟的市场循环。4分钟是所有市场循环中最细的一个，这是因为一天有24小时，折算成分钟为1440分钟。地球的自转一天为360度，地球自转一度所需要的时间为1440除以360等于4分钟。

如图4－5所示，若根据这个4分钟的循环理论，一波趋势运行2小时、3小时或6小时之后便可能逆转。若市场在一天之中的某段时间出现一个重要的转折点，则1天或2天之后的这段时间，便要特别留意市势的变化，市场可能又会在这段时间出现一次逆转。因为1天后或2天后是60度和120度的时间之窗位置，所以要特别留意这个时间点。

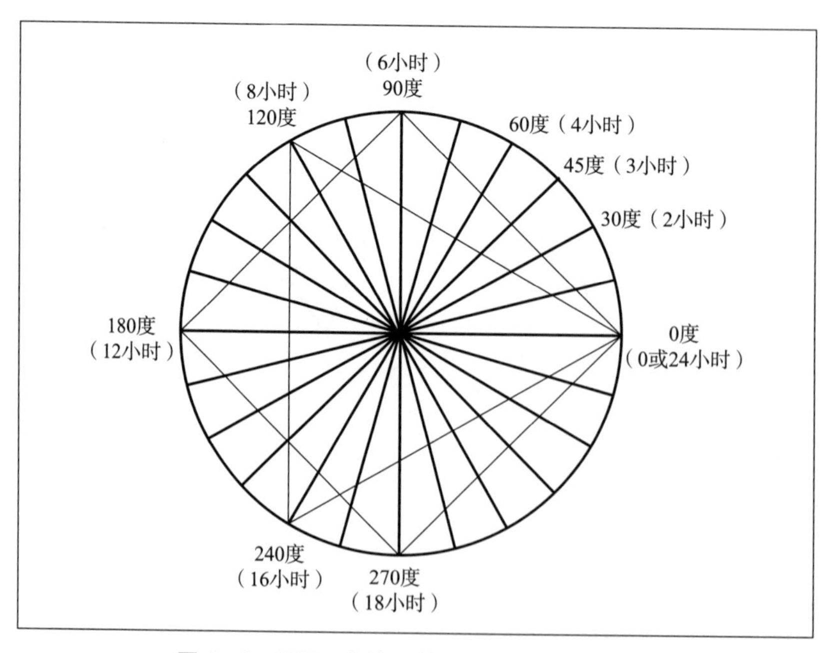

图4－5　江恩4分钟“轮中之轮”循环周期图

对于短线投资者来讲，当一个重要低点形成后，以其为起点，之后的时间之窗位置分别是2小时、3小时、6小时、8小时、12小时、16小时、18小时、24小时，见表4-1。这是一个以4分钟的市场循环周期运行的时间之窗点，经过24小时完成360度循环。“轮中之轮”是江恩的重要循环理论，十分有趣，也非常有实际应用价值。

表4-1 江恩4分钟“轮中之轮”时间之窗

地球自转角度	0	30°	45°	60°	90°	120°	180°	240°	270°	360°
时间循环（小时）	0	2	3	4	6	8	12	16	18	24

2. 应用周期线在K线图中展现“轮中之轮”时间之窗

江恩的“轮中之轮”理论是江恩时代的产物，虽然我们今天依然可以应用它分析价格时间与空间的阻力位与时间之窗，但是做起来不免有些繁杂。我们完全可以依据江恩的“轮中之轮”理论将时间之窗画在K线图中，具体画法请看下面这个例子。

我们再以上证指数为例，将江恩4分钟“轮中之轮”时间之窗展示在K线图中，将24小时视为一个短线周期，而每小时为地球自转15度。再将24小时折算成分钟，计算地球自转一度所需要的时间 $24\times60/360=4$ 分钟。

我们用1根K线表示4分钟。画出时间之窗的第1步是设置K线为4分钟1根，然后找到一个有意义的起始点，接下来就可以点击周期线，用画笔点击起始点，然后将画笔向后拖到第15根K线点击鼠标划线结束。

如图4-6所示，2020年11月2日~10日上证指数4分钟走势图，由0度到360度是上证指数24小时短线循环周期，起点3209.91点、终点3368.88点与最高点3387.62点仅差不到20点。其中90度、180度、270度、360度是正方形4个点的位置。而120度、240度、360度是三角形三个点的位置。江恩指出，在轮中之轮中正方形和三角形上的点是重要的时间之窗。由上证指数这个例子可以看出，指数在正方形与三角形的点上都有不同的表现，当指数到达360度位置完成一个循环周期后，4分钟图上连续拉出9根较大的阴线，读者最好将这个例子在电脑上进行复盘，以体会江恩轮中之轮时间之窗之魅力。

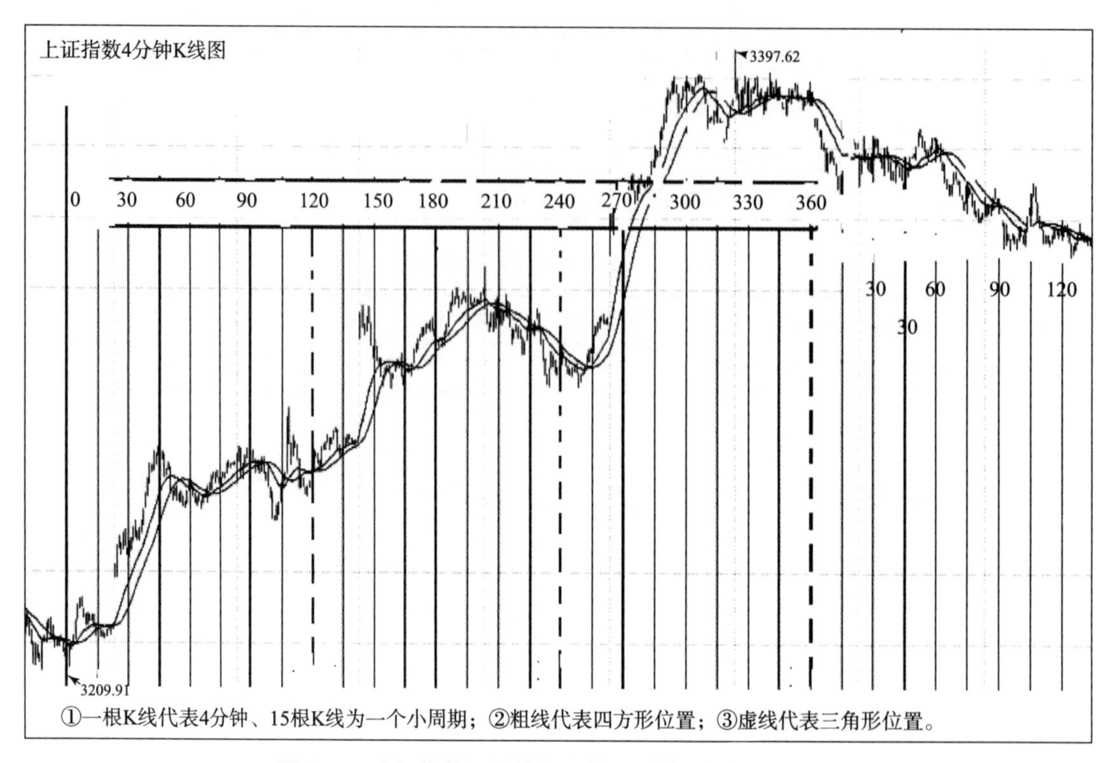

图 4-6　上证指数江恩轮中之轮一天循环周期时间之窗

3. 以年为循环周期

一年循环周期是一个非常重要的循环周期，是中长线的时间之窗参考依据。我们现在将江恩轮中之轮一年循环周期应用于电脑 K 线中分析价格的时间之窗。江恩的循环理论是以一个圆形的 360 度作为分析的架构。我们选择交易日计量时间之窗，首先计算出计算一年有 243 个交易日，按小时计算交易时间共有 972 个小时，由此我们计算出 360 度循环周期中每一度的时间是 972 ÷ 360 = 2.7 小时，也就是 162 分钟/度。如果按江恩的“轮中之轮”理论，以逆时针的螺旋形式增长运行 24 个阶段为一个循环。当螺旋形共运行 15 个循环时就构成 360 度一个大的循环。换句话说，也就是将圆分成 24 份，15 度为一等份就是一个时间之窗。

我们上面已经计算出江恩轮中之轮的 1 度是 162 分钟，我们用一根 K 线表示。画出时间之窗的第 1 步是设置 K 线为 162 分钟 1 根，然后找到一个有意义的起始点，接下来就可以点击周期线，用画笔点击起始点，然后将画笔向后拖到第 15 根 K 线点击鼠标划线结束。

江恩认为圆形、三角形及四方形，是一切市场周期的基础。轮中之轮的时间分析最重要的点位是三角形及正方形的顶点，依次是0度、180度、90度（360度的1/4）、120度（360度的1/3）。

如图4-7所示，拓普集团2021年9月24日最低点33.31元为起始点0度，当价格运行到90度时，形成阶段性高点。

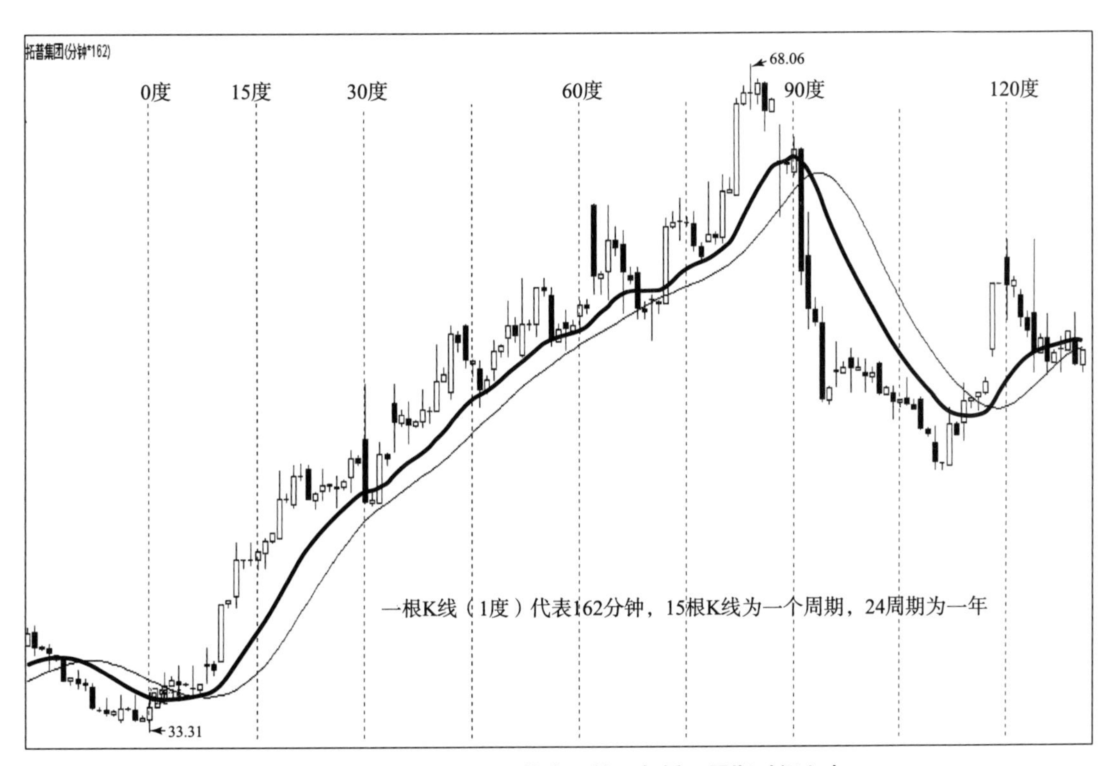

图4-7　拓普集团江恩轮中之轮一年循环周期时间之窗

本节我们共介绍了4种测量时间之窗工具，有周期尺、费波拉契线、斐波那契时间以及江恩周期线。周期尺只有大智慧软件中有，其余的一般软件中都有，有的名字不同，比如自由费氏线、黄金比例线等。无论是哪种画图工具你必须知道它的原理依据是什么，你才能用得好。还要强调一点，上面我已经讲过，时间之窗划线工具不存在准与不准之说，只能说因股而异，道理上面我已经讲了。

第三节 二十四节气与江恩时间之窗

江恩对于大自然气候的变化十分敏感，作为一位天文学家，他认为金融市场的价格波动，经常亦有季节性的影响，据他的观察，有两段时间投资者需要特别留意：1 月份的 2 日~7 日，以及 15 日~21 日；7 月份 3 日~7 日以及 20 ~27 日。从天文学角度来看，1 月 5 日被称为“近日点”，是地球轨迹离太阳最近的一天，因此，地球公转速度最快。7 月 5 日则被称为“远日点”，是地球轨迹离太阳最远的一天，因此，地球公转速度最慢。此外，从气候节气来看，1 月 20 日在中国被称为“大寒”，而 7 月 23 日则被称为“大暑”，是一年气温最极端的时间，江恩发现并非常重视气候对市场情绪影响的周期。

关于 1 月份的时间，江恩提醒要留意该月市场所造出的顶部或底部，除非 1 月份的顶部或底部突破才可决定该年市势的上升或下跌。有时市场在 1 月份所造的顶或底，要等到该年的七八月才能突破；在某些情况下，这些 1 月份顶部或底部会成为全年的顶或底。

江恩的长中期循环理论可说十分简单，乃是将一个圆形的 360 度化为月份划分，从而计算中期循环。

对市场的短线循环周期，江恩研究得十分仔细。他的分析方法亦是利用一个圆形的 360 度作为分析的基础，从而分析一年的走势。一年的循环乃是地球围绕太阳运行一周的时间，将地球的轨迹按比例分割，我们便可以得到市场短期的循环。

江恩选取春分点作为一年的循环分割的起点，春分点亦即太阳回归的时间，是日、夜时间均等，日期为 3 月 21 日。在分割的比率上，江恩采用 4 种分割方法将一年分成 1/2、1/3、1/4、1/8，时间上恰好与中国 24 节气不谋而合。分割的时间排列见表 4 –2。

表4-2 一年循环中的江恩分割与中国24节气对比表

角度	0	45	90	120	135	180	225	240	270	315
节气	春分	立夏	夏至	大暑	立秋	秋分	立冬	小雪	冬至	立春
比率	0	1/8	1/4	1/3	3/8	1/2	5/8	2/3	3/4	7/8
日期	3.21	5.05	6.21	7.23	8.05	9.22	11.08	11.22	12.21	2.04

如图4-8所示，江恩的时间循环理论与中国阴历中的二十四节气不谋而合，前者用以分析市场价格走势的变化，而后者则用以分析大自然气候的变化，两者看上去毫无相干，实际却不谋而合。这也证明了股市价格走势遵从自然规律，其互相呼应的程度经常令人赞叹。

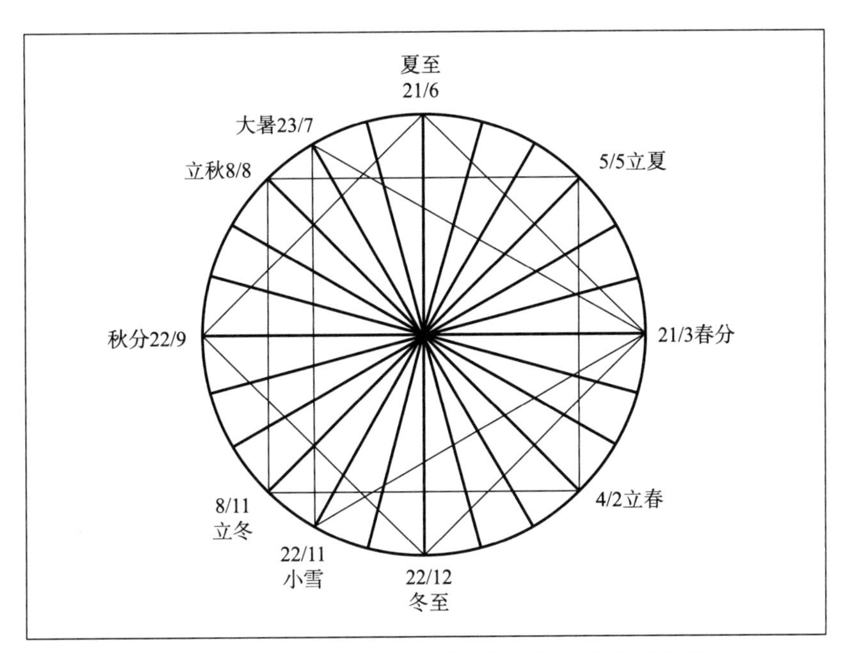

图4-8 一年循环中的江恩分割与中国24节气对应图

江恩时间循环的分析方法，就是将圆进行3分、4分、8分等，将各个周期的时间均衡带入，从而得到共振周期时间。方法十分简单，尤其是在当今用电脑操作更方便，投资者只要弄懂分析方法，就可在各个周期进行分析，从而总结出重要的时间点。

另外一点，分析股票价格走势变盘点不能单凭时间之窗去判断。趋势、空间、时间及形态是分析价格走势的四大要素，应该本着一致性原则进行综合分析判定趋势的转折点。例如，价格跌破上升趋势线，空间上也出现上升以来最大跌幅，形态上完成 3 波或 5 波上涨结构又遇上大周期与小周期时间之窗共振，那么变盘的概率就大大增强了。如果趋势、形态以及时间三者都有变盘倾向，空间位置差些，那么变盘的几率也很大；如果只是形态与时间在某个点产生共振，产生的调整可能只是短期的，不会导致变盘。

第五章

波浪理论的应用

波浪理论的应用其实也很简单，最重要的是找到正确的起始点，然后，弄懂三个维度、三个铁律、三个阶段、四个指南这四个方面问题，就可以说是基本学会了波浪理论。应用的关键是灵活运用，不能“死数浪”，只有在实战中反复实践，才能正确运用。另外，在分析中不能仅凭波浪理论就做出交易决策，最起码要结合趋势。无论什么技术理论和分析方法，趋势分析都是第一位的，数浪、划浪也是一样，尤其是当你数不清楚的时候，价格只要遵循趋势，这个浪就没结束，不必纠结其是什么形态、有几浪，价格形态在没有走完的时候是看不清楚的。

第一节 重要的顶（底）部形态

一、头肩顶

如图 5－1 所示，头肩顶是一个非常重要的顶部形态，我们现在从三个方面分析头肩顶的特征以及如何演化。

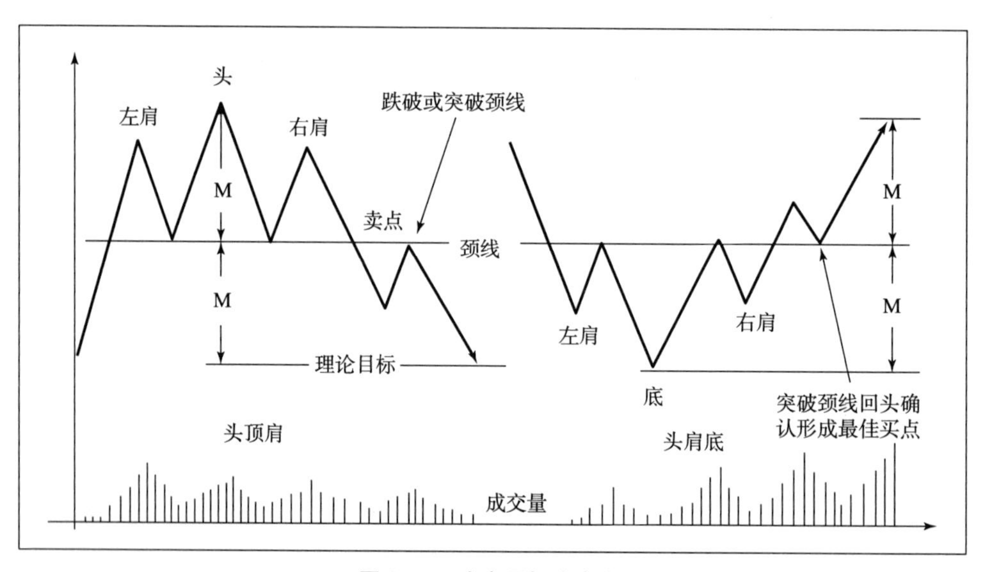

图 5－1 头肩顶与头肩底

1. 形态分析

（1）左肩——持续上扬一段时间，成交量很大，过去在任何时候买进的人都获利，于是开始获利卖出，股价回落，成交量上升到其顶点时显著回落。

（2）头部——股价经过短暂回落后，又有一次强力上升，错过主升浪的人开始进场买入，成交量随之增加，但最高点成交量较左肩已明显减少。从市场情绪上分析，股价突破前高点（左肩）后，当时后悔没卖出的人以及左肩低点买入的短线客开始卖出，股价虽然创出新高，但承接盘明显不足。股价突破左肩高点后再次回落，成交量在这回落期间同样减少。

（3）右肩——股价下跌接近左肩回落低点时再次获得支撑反弹，可是，这时市场热情显著减弱，成交量较左肩和头部明显减少，股价没有抵达头部高点便回落，于是形成右肩。

（4）颈线——左肩下跌低点与头部下跌低点的连线称为颈线，当价格向下突破颈线时，幅度超过3%，跌破颈线的有效性就可以确认。

2. 分析要点

（1）头肩顶通常出现在牛市近尾端，是长期趋势转向形态。

（2）当新的高点成交量比前高点成交量低的时候，就暗示有可能形成头肩顶形态，当第三次回升时，股价和成交量都比前高低，是一次较好的卖出机会，下一次卖出机会是跌破颈线回头确认时，不过，跳空，放量下跌时可能没这个机会。

（3）当价格跌破颈线完成第一波下跌，走出一波反弹后，可以将最高点到颈线的距离作为初始波幅。假定，初始波幅度为整个下跌幅度的23.6%，依据这个初始下跌幅度就可以计算预判价格未来下跌空间，下跌的目标位置分别是：38.2%、50%、61.8%为短期下跌目标，100%、161.8%和261.8%为长期下跌目标，下跌的具体位置要结合价格在大趋势中所处的位置。

（4）注意：如果右肩突破头部高点，那么，头肩顶就不成立了。

（5）如果颈线向下倾斜，说明市场非常弱。

（6）成交量上左肩、头部、右肩正常依次减弱，但据统计右肩成交量大于和等于头部成交量的也各占三分之一。

（7）也有跌破颈线后，回抽突破颈线又创出新高的，看上去好像是判断错误，是一个失败的头肩顶，事实上，此时价格的上涨空间极为有限，只是市场情绪过于高涨，主力诱惑贪婪买入引发的一波诱多行情，不宜参与。

3. 头肩顶未形成前最可能形成的走势

头肩顶的演化基本上可以分成5种，见图5－2。

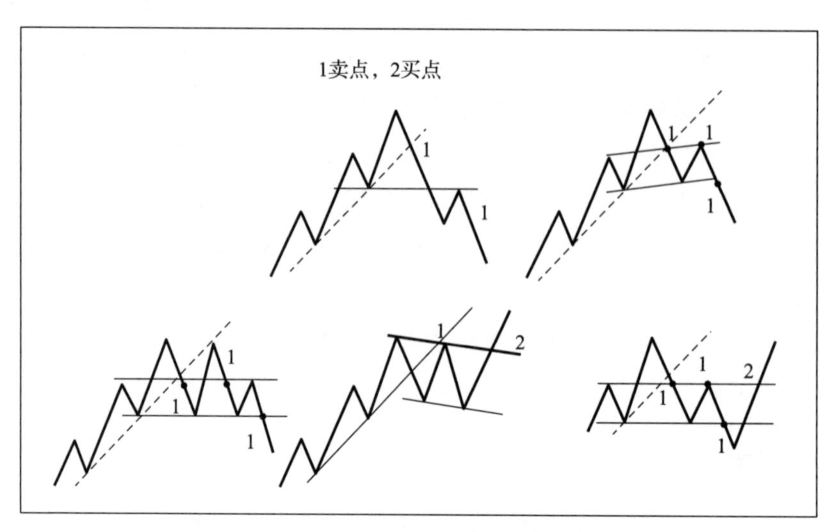

图5－2　头肩顶未形成前可能出现的走势

二、头肩底

1. 形态分析

如图5－1所示，和头肩顶的形态一样，只是整个形态倒过来而已。形成左肩时，股价下跌，成交量相对增加，接着为一次成交量较小的次级上升，接着股价又再下跌，且跌破上次的最低点，成交量再次随着下跌而增加，较左肩反弹阶段时的交投更多——形成头部。

头部形成价格从最低点开始回升，成交量有可能随之增加，整个头部的成交量来说，较左肩更多。当股价回升到上次的反弹高点时，出现第三次的回落，这时的成交量很明显少于左肩和头部，股价在跌至左肩的水平，跌势便稳定下来，形成右肩。最后，股价正式策动一次升势，且伴随成交大量增加，当其颈线阻力冲破时，成交更显著上升，整个形态便告成立。

2. 分析要点

如图5－1所示，头肩底的分析意义和头肩顶没有两样，它显示过去的长期性趋势已扭转过来，股价一次再一次下跌，第二次的低点显然较先前的一个低点低，但很快地掉头弹升，接下来的一次下跌，股价未跌到上次的低点水平就获得支持而回升，反映出看多的力量正逐步改变市场过去看空的形势。当两次反弹高点形成的颈线阻力被突破后，多方已完全把空方击倒，多方代替空方完全控制整个市场。

（1）头肩顶和头肩底的形状差不多，主要的区别在于成交量方面。

（2）当头肩底颈线突破时，就是一个真正的买入信号，虽然股价和最低点比较，已上升一段幅度，但升势只是刚刚开始，尚未买入的投资者应该继续追入。其最少升幅的量度方法是从头部的最低点画一条垂直线相交于颈线，然后从右肩突破颈线的一点开始，向上量度出同样的高度，所量出的价格就是该股将会上升的最小幅度。另外，当颈线阻力被突破时，必须要有成交量激增配合，否则，这可能是一个假突破。不过，如果在突破后成交量逐渐增加，头肩底形态也可确认。

（3）一般来说，头肩底形态较为平坦，因此，需要较长的时间来完成。

（4）价格在突破颈线后，一般会出现暂时的回头确认过程，但回头确认点不应低于颈线。如果回头确认点低于颈线就可能再次下跌，并有可能跌破前边形成的头肩底形态，将出现一个失败的头肩底形态。

（5）头肩底是极具预测性的形态之一，一旦获得确认，升幅大多会大于其最少升幅的。

三、双重顶（底）

1. 形态分析

一只股票上升到某一价格水平时，出现大成交量，股价随之下跌，成交量减少。接着股价又升到与前一个价格几乎相等之顶点，成交量再随之增加，却不能达到上一个高峰的成交量，再第二次下跌，股价的移动轨迹就像 M，这就是双重顶，又称 M 头走势。

如图 5－3 所示，一只股票持续下跌到某一水平后出现技术性反弹，但回升幅度不大，时间亦不长，股价又再下跌，当跌至上次低点时获得支持，再一次反弹，这次回升时成交量要大于前次反弹时成交量，股价在这段时间的移动轨迹就像 W，这就是双重底，又称 W 底走势。无论是“双重顶”还是“双重底”，都必须突破颈线（双头的颈线是第一次从高峰回落的最低点；双底之颈线就是第一次从低点反弹之最高点）形态才算完成。

股价持续上升为投资者带来了相当的利润，于是投资者获利了结，这股力量令上升的行情转为下跌。当股价回落到某水平，吸引了短期投资者

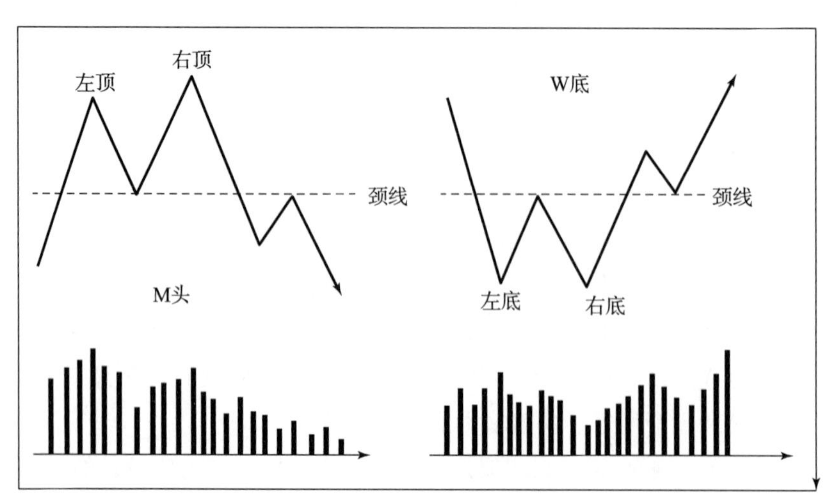

图5-3　M头、W底走势

的兴趣，另外，较早前卖出获利的亦可能在这水平再次买入补回，于是行情开始恢复上升态势。但与此同时，对该股信心不足的投资者，会因觉得错过了在第一次的高点出货的机会，而马上在市场出货，加上在低水平获利回补的投资者亦同样在这水平再度卖出，强大的卖压令股价再次下跌。由于高点二次受阻而回落，令投资者感到该股没法再继续上升（至少短期该是如此），假如愈来愈多的投资者卖出，令到股价跌破上次回落的低点（即颈线），于是整个双头形态便告形成。

双底走势的情形则完全相反。股价持续的下跌令持仓的投资者觉得价太低而惜售，而另一些投资者则因为新低价的吸引尝试买入，于是股价呈现回升，当上升至某水平时，较早前短线买入者获利回吐，那些在跌市中持仓的投资者也趁回升时卖出，因此，股价又再一次下挫。但对后市充满信心的投资者觉得他们错过了上次低点买入的良机，所以，这次股价回落到上次低点时便立即跟进，当愈来愈多的投资者买入时，求多供少的力量便推动股价回升，且突破上次回升的高点（即颈线），扭转了过去下跌的趋势。

双头或双底形态是一个转向形态。当出现双头时，即表示股价的升势已经终结，当出现双底时，即表示跌势告一段落。通常这些形态出现在长期性趋势的顶部和底部，所以，当双头形成时，我们可以肯定双头的最高点就是该股的顶点；而双底的最低点就是该股的底部。当双头颈线跌破，就是一个可靠的出货信号；而双底的颈线突破，则是一个入货的信号。

2. 分析要点

（1）双头的两个最高点并不一定在同一水平，二者相差少于3%是可接受的。通常来说，第二个头可能较第一个头高出一些，原因是看好的力量企图推动股价继续再升，可是却没法使股价上升超过3%的差距，一般双底的第二个底点都较第一个底点稍高，原因是先知先觉的投资者在第二次回落时已开始买入，令股价没法再次跌回上次的低点。

（2）双头最少跌幅的量度方法，是由颈线开始计起、至少会从双头最高点至颈线之间的差价。距离双底最少涨幅的量度方法也是一样，双底之最低点和颈线之间的距离，股价于突破颈线后至少会下跌相当长度。

（3）形成第一个头部或底部时，其回落的低点约是最高点的10%~20%，底部回升的幅度也是同样。

（4）双重顶（底）不一定都是反转信号，有时也会是整理形态。这要视两个波谷的时间差决定，通常两个高点（或两个低点）形成的时间相隔超过一个月为常见。

（5）双头的两个高峰都有明显的高成交量，这两个高峰的成交量同样尖锐突出，但第二个头部的成交量较第一个头部显著减少，反映出市场买盘力量在转弱。双底第二个底部成交量十分低沉，但在突破颈线时，必须得到成交量激增的配合方可确认。

（6）通常突破颈线后，会出现短暂的反方向移动，称之为反抽，双底只要反抽不低于颈线（双头之反抽则不能高于颈线），形态依然有效。

（7）一般来说，双头或双底的升跌幅度都比量度出来的最少升/跌幅更大。

四、底（顶）部形态的判断

凡是在市场中交易的人，都对这个问题最感兴趣，本人也是如此。研究二十余年，现在讲一下，首先底部形态，低点不是根据一两个形态、方法就判定的，最少得用3、4种方法来做一个综合性的判断，才能得出一个相对可靠的结论。

1. 黄金比例

黄金比例是波浪理论的基础，无论在时间上和空间上，都非常有实际作用，这主要是由黄金比例的本质所决定，黄金比例是自然界一个自然法则，自然界中无论是生物还是植物，它的生长比例都符合黄金比率这一规则。人作为社会的高级动物，其行为也不例外，股价走势是大众思维的体现，也自然遵循黄金分割比例。

如图5－4所示，万科自2018年1月4日创出高点进入调整，走出了一个完整的5－3－5结构，依据B浪计算C浪的理论下跌目标位置是17.75元，实际是17.56元，堪称完美。

2. 趋势是第一重要

如图5－4所示，C－1段突破C浪下跌趋势线，走出了一个5波驱动浪，反弹幅度与时间上已经大于前边任何一次反弹幅度与时间，因此，从趋势、结构形态上可以判断价格已经进入反转。

3. 底部主力资金入场特征

底部如果可能有主力资金入场，首先是量能上，价格跌到底部，上边被套牢的筹码很少有人愿意卖出，所以，刚到底部成交量不会放得很大。从头顶部能持到底部横盘位置的人是最执着的一群人，此时，都盼着反弹，而反弹怎么也反弹不到他们的心理价位，他们会一直躺着，这也是底部成交量较少的一个原因。那怎么判断是否有主力进来呢？还有一种形态。

如图5－4所示，股价沿下行通道运行，突破下降通道时，只是个单边底，也就是只有左肩和低点，头肩底的右肩还没有出现，这就是主力急于进场的迹象，说明背后基本面已经发生变化，主力资金急于进场，来不及做头肩底。这种先突破下降通道，后形成底部形态的个股属于强势股，是主力资金入场的特征。

总结下，判断底部至少从三个方面：初始黄金比例；通道趋势线；底部结构形态。因为右肩是在2浪回踩时出现的，所以说，技术分析是一个综合的判定过程。判断是否是1浪，趋势比位置更重要，位置比形态更重要，大势看趋势，操作看位置、看形态。

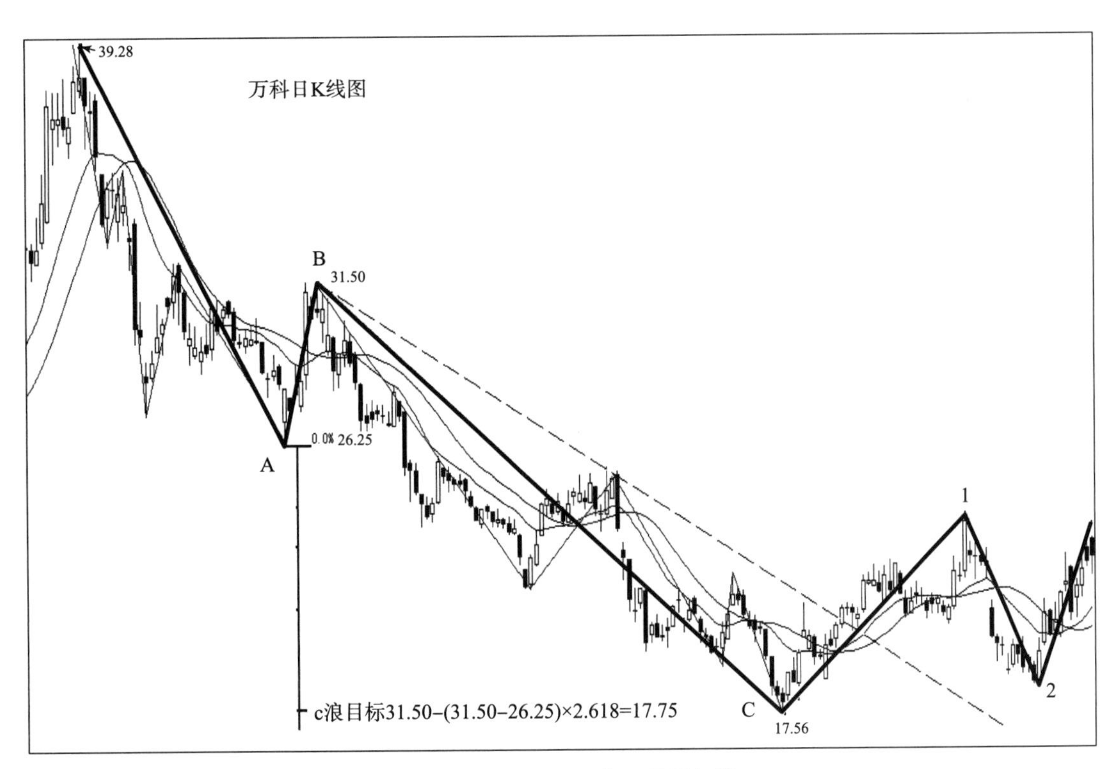

图5－4　万科2018年8月份行情

4. 先形成W底后突破趋势线表明趋势弱

如图5－5所示，2018年10月19日价格创出11.01元新低后形成W底形态，W底形成后价格突破下降趋势线，走出了一波上升行情。先形成W底后突破趋势线，表明趋势弱，后期走势依然是反弹行情，反弹高度不会超过前波的80.9%。看一下，清水源这波反弹高点未超过前高20.08元，反弹到18.35元结束，反弹高度80.7%，后期走势依然延续原主调整趋势调整。

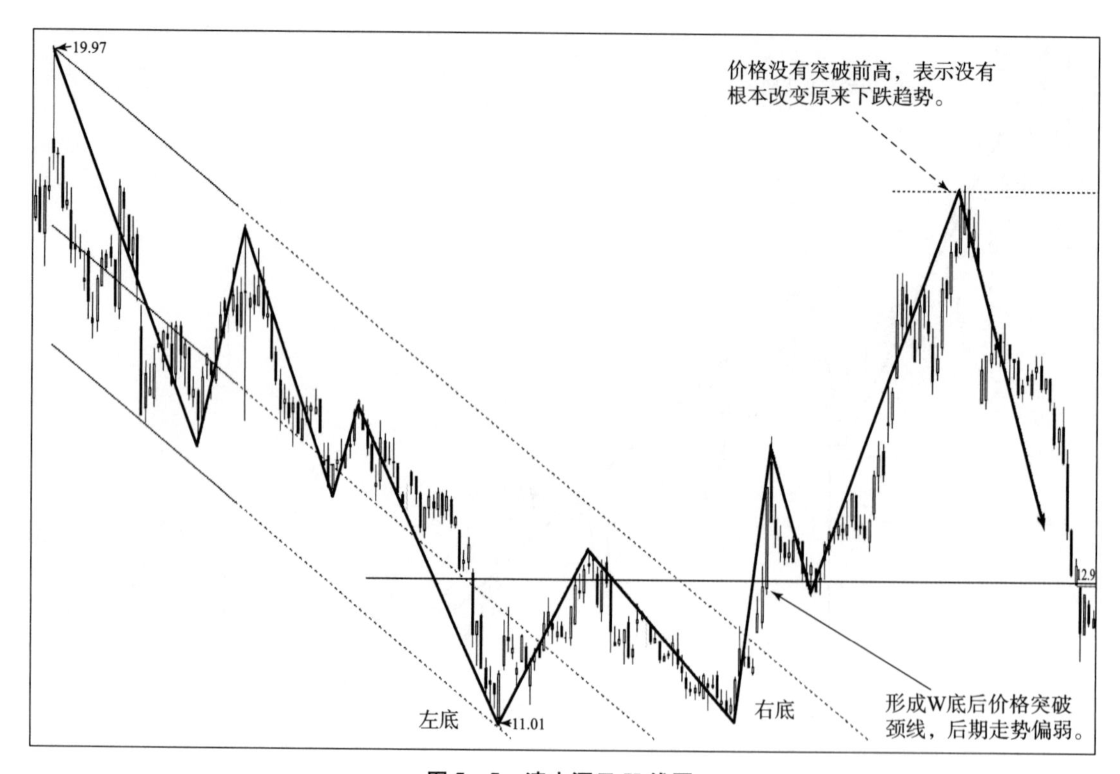
19.97
价格没有突破前高，表示没有
根本改变原来下跌趋势。
左底
11.01
右底
形成W底后价格突破
颈线，后期走势偏弱。
12.9

图5－5　清水源日K线图

第二节 应用波浪理论实现定量化交易——德赛西威

我在《WZ 定量化结构交易法》一书中讲过“四象分析法”，简单说就是从趋势、空间、形态及成交量四个方面去分析价格走势，寻找价格到达某一个区域所形成的一致性共振点，来判断价格终结的方法。方法的精要之处是通过数据计算来判定趋势是否终结，是真正的定量化分析。在此我再简单地重复讲一下“四象分析法”的内容及步骤：

（1）判定趋势是否终结，应用的是多空分界法。以上升趋势为例，当价格跌破主趋势线时，我们计算一下这个反向调整趋势的调整时间和幅度，当调整时间和幅度都大于前边任何一波调整时间与调整幅度时，我们判断主趋势终结，并在随后的反弹中卖出。

（2）在空间上我们应用初始波理论，依据初始波幅计算出 1 浪、3 浪、5 浪及 C 浪主推动浪目标范围，从而实现定量化交易。

（3）形态是要讲的重点，因为本书所讲的是应用波浪理论实现定量化交易。

（4）成交量是在上述判定的基础上，应用量能变化对价格走势进行最后确认。现在我们应用实例讲解一下这个分析交易过程。

一、浪 C 调整目标区域的定量化分析过程

如图 5－6 所示，德赛西威 2018 年初上市，正逢大势面临调整。从 2018 年 1 月 9 日 48.05 元高点开始展开调整。A 浪是以三波锯齿形展开，B 浪则进入复杂的平台形整理，最高反弹 55.5% 明显较弱，C 浪多空双方经过三个回合博弈，反弹高点在逐渐降低（图中 a2、a4、b 点），低点也在逐渐走低（图中 a1、a3、a 点），最后形成 C 浪杀跌走势。

我们应用两种方法计算一下浪 C 的调整目标区域：

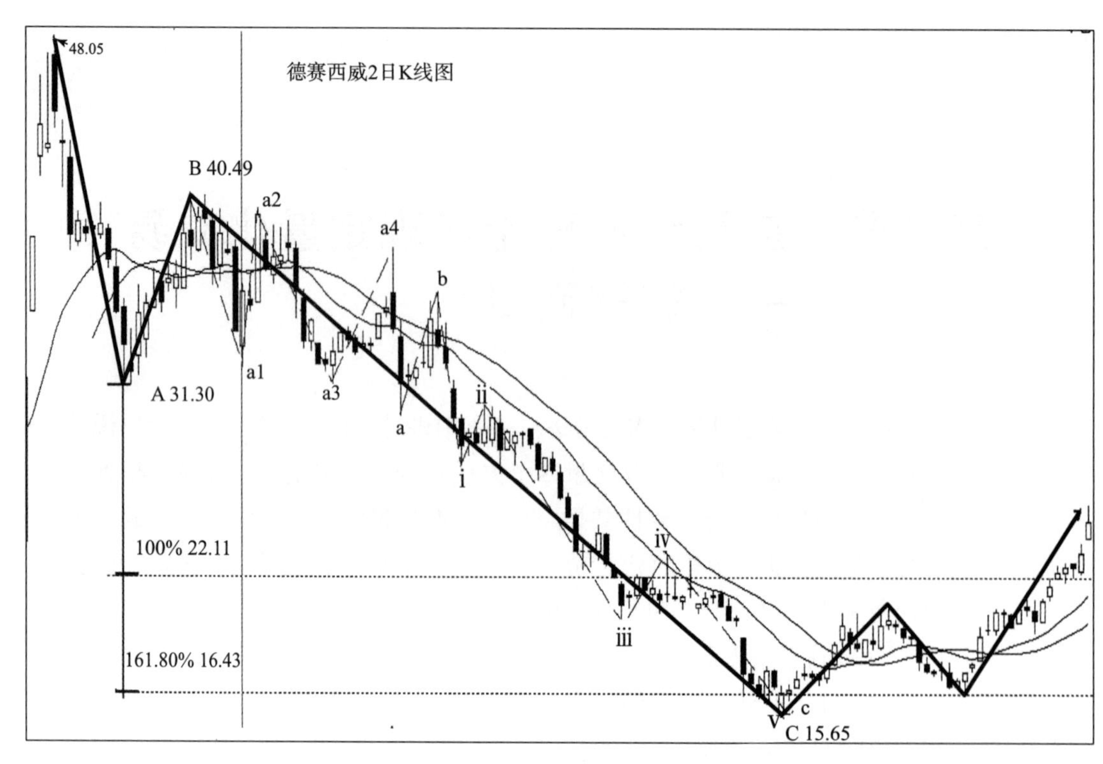

图 5-6 德赛西威上市后的第一波调整走势

波浪理论计算 C 浪目标位 =40.49 -(48.05 -31.30)×1.618 =13.39(元)

初始波理论计算 C 浪目标位 =31.30 -(40.49 -31.30)×1.618 =16.43(元)

因此，我们确定 C 浪目标区域为 16.43 ~ 13.39 元。

当价格在到达 15.65 元后，在 30 分钟级别上，走出了一波明显的五浪推动浪上涨走势。上涨幅度和时间都大于前边任何一段反弹行情，结构形态也与前边反弹不同，是一波明显的五波推动浪走势。再回头看一下，前面的 C 浪最后一浪走势结构，同样也是一个完美的五波推动浪走势。ⅲ浪最长，ⅴ浪与第ⅰ浪接近，见图 5-6。

综上所述，从趋势、空间、形态及成交量四个方面分析，可以得出：价格在趋势上突破下跌趋势通道；空间上到达下跌目标区域；ABC 调整结构形态完成；成交量配合良好。四个因素在到达 16.5 ~ 15.65 元区域后形成一致性共振，可以确认下跌趋势终结。我们要做的就是等待这波反弹行情结束后的确认走势完成。

二、(1) 浪1是定量化交易的基础数据来源

如图5－7所示，自2018年10月25日15.65元起，12月4日创出(1)浪1高点20.87元，德赛西威完成第一个30分钟级别的五波上升走势。(1)浪1在实际交易中的操作意义不大，但(1)浪1的技术分析意义重大，其运动波幅与运行时间是实现定量化交易的基础数据来源。

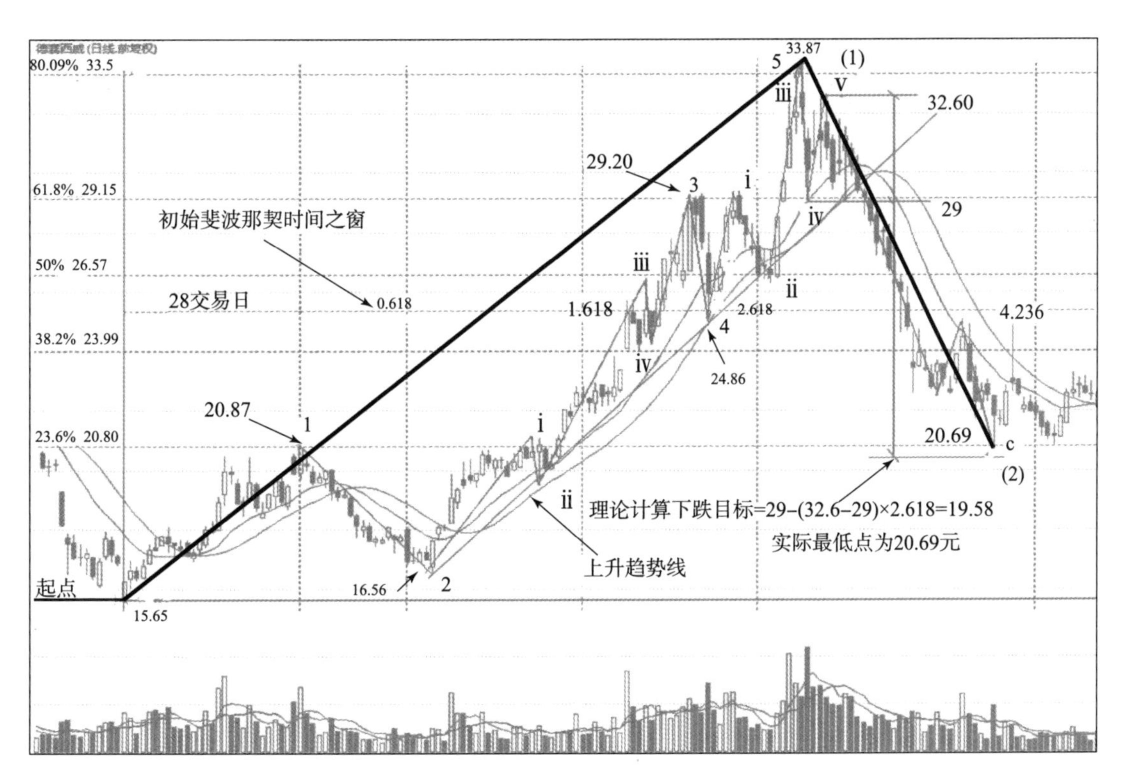

图5－7 德赛西威日线走势图

1. 初始目标的定量化

首先，应用初始波理论计算一下初始目标区域。我们将(1)浪1的上升幅度定义为初始波幅用l表示（见作者的另一本著作——《WZ定量化结构交易法》中有详细介绍，其中初始波定义为：股价起涨点W，第一波涨至最高点Z，则初始波$l=Z-W$），假定未来基本成长波幅为L，这样我们就可以根据斐波那契数列，定义初始波幅$l=0.236\times L$，初始目标计算公式：

初始目标公式：$H=W+L\times(0.618\sim0.809)$

$l=20.87-15.65=5.22$（元）；$W=15.65$ 元；$L=5.22\div0.236=22.12$（元）。

初始目标 = 15.65 + 22.12 ×（0.618 ~ 0.809）= 29.32（元）~ 33.55（元）

如图 5－7 所示，实际当价格完成 1 浪与 2 浪走势后，3 浪走出强劲的五波推动浪上升走势，3 浪最高点 29.20 元与我们计算的初始目标仅差 0.12 元。4 浪的回调幅度约 35%，反弹再次创出 29.45 元新高，价格强势调整特征明显，调整从未触及上升通道线。由此，我们判断 4 浪完成后，将出现 5 浪，目标位应该是初始波 80.9% 左右位置（33.55 元左右）。实际当价格运行到 80.9% 位置时，则出现一波急速下跌，幅度也大于前面任何一波调整幅度，出现调整迹象，若反弹不能突破前高点，则表明 5 浪失败，应该逢高卖出。

讲到这里我们再回头看一下 1 浪内部子浪的 v 浪走势，也是一个 3 波结构失败走势。现在 5 浪经过三波上涨形成高点 33.78 元后，5 浪 ⅳ 调整经过两个回合较量，5 浪 v 未能突破 5 浪 ⅲ 高点。之后跌破 30 分钟级别趋势线，从时间上看，已经超出 5 浪 ⅳ 调整时间范围，调整幅度也已经符合多空分界法的卖出条件，因此，判断 5 浪失败。

另外，依据初始波理论，（1）浪的初始目标基本上是 61.8% 混沌区域上轨，现因价格走得比较强已到达 80.9% 的位置。（1）浪市场空头气氛依然比较浓厚，空间上在短时间内价格从最低点至 33.78 元实现翻倍。形态上一个五波上涨结构出现后，接下来将是一个锯齿形深度调整，理论上至少调整 61.8%，因此，当下不能抱有幻想，卖出观望为上策。

2. （2）浪目标的定量化

（2）浪目标的定量化方法有两种：

应用初始波计算(2)浪下跌目标 = 29 －(32.60 －29) ×2.618 = 19.58(元)

应用波浪理论计算（2）浪回调幅度范围，（2）浪回调幅度是（1）浪的 61.8%~80%。

（2）浪回调幅度 = 33.78 －（33.78 － 15.65）×（0.618 ~ 0.8）= 22.57（元）~ 19.28(元)

实际下跌目标 20.69 元，见图 5－7。

3. 初始斐波那契时间之窗

1 浪上涨共用时 28 个交易日，图上计算的 0.618、1.618、2.618、

4.236 时间之窗位置，0.618 时间之窗开启，2 浪调整结束；1.618 时间之窗开启，价格突破 1 浪高点出现一个比较确定性的加仓点；2.618 是 5 浪的终点；而 4.236 是（3）浪的起点，见图 5－7。

4. 小结

（1）1 浪是实现定量化交易的数据基础，应用 1 浪计算出的推动浪目标区域，无论是空间还是时间都可以说相当准确。1 浪也是初始波，详细论述见《WZ 定量化结构交易法》一书。

（2）波浪理论的定量化分析是在同级别中展开的，如 1 浪与 2 浪，3 浪与 4 浪。应用初始波的定量化分析是在价格空间生长结构上展开的，初始波更能反映价格的生长逻辑关系。

（3）在波浪的划分上一定要注意，推动浪是以五波结构展现的，而调整浪则是以三波结构出现。推动浪表达的是行情的延续，而调整浪表达的是行情的终结。

（4）无论什么级别，3 浪永远是以推动浪形式出现，并遵循三大铁律。如果你画出的 3 浪不符合上述特征，那一定是画错了。

三、（3）浪与（4）浪的定量化分析

1.（3）浪的子浪划分

如图 5－8 所示，德赛西威周 K 线图，（3）浪的划分必须是在 1 浪、2 浪、3 浪走完之后才能划分，尤其是 3 浪的子浪走出一个形态完整的、标准的五波推动浪结构。划分时还要结合（3）浪的成长趋势与空间目标。

根据初始波理论（3）浪的目标是 161.8% 初始黄金位，当（3）浪临近这一位置时，产生了一波急速下跌调整，我们判断（3）浪结束，当下走出（4）浪。但当“（4）浪”与（1）浪发生重叠，我们发现之前的判断（当下走出“（4）浪”）是错误的，这个所谓的“（4）浪”应该是（3）浪中的 4 浪，（3）浪还没有走完，（3）浪走出延长的可能性加大，目标则是 261.8% 初始黄金位。

5－3 结构的划分，关键的是（3）浪和（4）浪这一对同级别循环，（3）浪永远是以推动浪形式出现，并遵循推动浪三大铁律，（4）浪不能与（1）浪重叠。划分时一定要注重内部子浪结构及同级别推调浪比例，包含

时间关系。

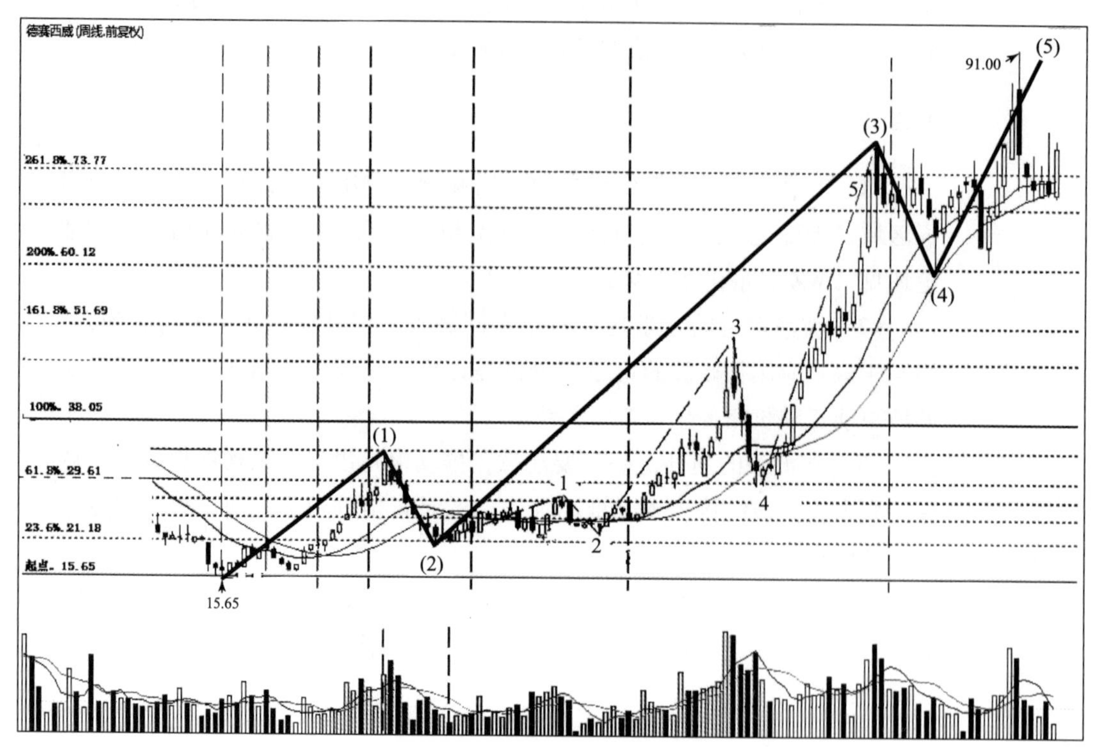

图 5-8 德赛西威周线走势图

2. （3）浪、（4）浪的定量化

价格成长目标公式：$H(n) = W + L \times 1.618^{n}$

（3）浪理论目标 $= 15.65 + 22.12 \times 1.618^{1} = 51.44$（元）

当（3）浪 3 完成，实际走出 50.00 元高点，已经到达（3）浪理论目标，我们意识到（3）浪将走出延长浪。我们计算一下延长（3）浪和（5）浪的理论目标：

延长（3）浪目标 $= 15.65 + 22.12 \times 1.618^{2} = 73.56$（元）

（5）浪目标 $= 15.65 + 22.12 \times 1.618^{3} = 109.35$（元）

实际中（3）浪起点 20.69 元、终点 78.15 元。（3）浪涨幅 57.46 元，（4）浪低点 59.20 元。

计算一下（4）浪实际相对于（3）浪回调比例为 32.8%。依据同级别推调比，（3）浪走出延长浪，（4）浪回调幅度远小于正常回调幅度，属于强势回调。由此判断（5）浪也将非常强势。

在实际走势中，（3）浪、（5）浪都走出了延长浪，（3）浪最高点是

78.15 元比计算延长（3）浪目标 73.56 元多 5.8%。（5）浪最高点是 128.09 元，比计算延长（5）浪目标 109.35 元多 14.6%。应用初始波计算目标价格，最重要的应用价值是：如果价格突破并站稳某一个目标位后，则会向初始斐波那契数列中的下一个目标进军；如果到达或临近某一目标位发生震荡，首先，应该逢高卖出 80% 仓位，然后，仔细观察回调幅度，如果同级别回调幅度小于 38.2%，则表示强势，价格很有可能向下一个目标进军，待价格突破调整趋势上轨压力线，再寻机介入；如果价格跌破高位横盘区域，则会产生 C 浪杀跌回调。

四、长电科技（3）浪、（4）浪的定量化分析

如图 5－9 所示，长电科技 3 日 K 线图，（1）浪上涨幅度为 8.95 元，（2）浪回调幅度为 6.47 元，回调比例为 72%，符合（1）浪与（2）浪同级别推调浪比例关系。正常情况下，（3）浪上涨幅度应该是（1）浪的 1.618 倍 24.95 元左右。2020 年 1 月 23 日春节前最后一个交易日最高

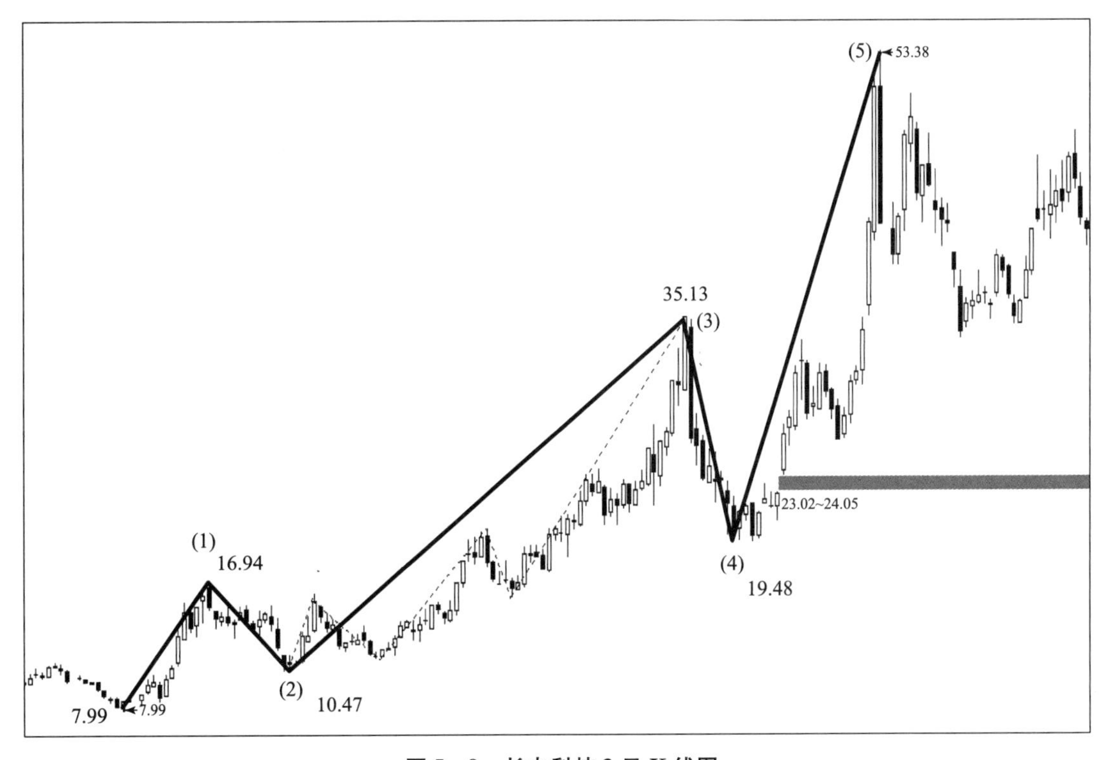

图 5－9　长电科技 3 日 K 线图

27.58 元，节后开盘跌停板，第 2 天又跌了近 10%，最低 21.95 元，之后连续反弹并突破了节前高点形成了新的上攻态势。3 浪走出延长浪，其上涨幅度一般是（1）浪的 2.618 倍，也就是 33.90 元，3 浪实际最高点 35.13 元。（4）浪回调幅度正常情况下，应是（3）浪的 0.382～0.5 倍，（3）浪延长，（4）浪回调幅度也相应增大，一般是（3）浪的 0.618 倍，长电科技（4）浪最低点 19.48 元，回调 63%。（4）浪未与（1）浪重合，（1）浪至（4）浪价格结构形态保持完美，顺其自然走出了第（5）浪行情。

第三节　5 -3 结构推动浪应用实例

推动浪的三大铁律：2 浪不破 1 浪起始点；3 浪不能最短；1 浪、4 浪不重叠。

一、睿创微纳（688002）

如图 5 -10 所示，2019 年 12 月 3 日睿创微纳创出 30. 15 元低点，12 月 18 日创出 1 浪中的 i 浪高点 40. 42 元。我们依据 i 浪的波幅（初始数据）就可计算出 1 浪、3 浪、5 浪的目标区域。基础波幅 $L = l \div 0.236 = (40.42 - 30.15) \div 0.236 = 43.52$(元)。

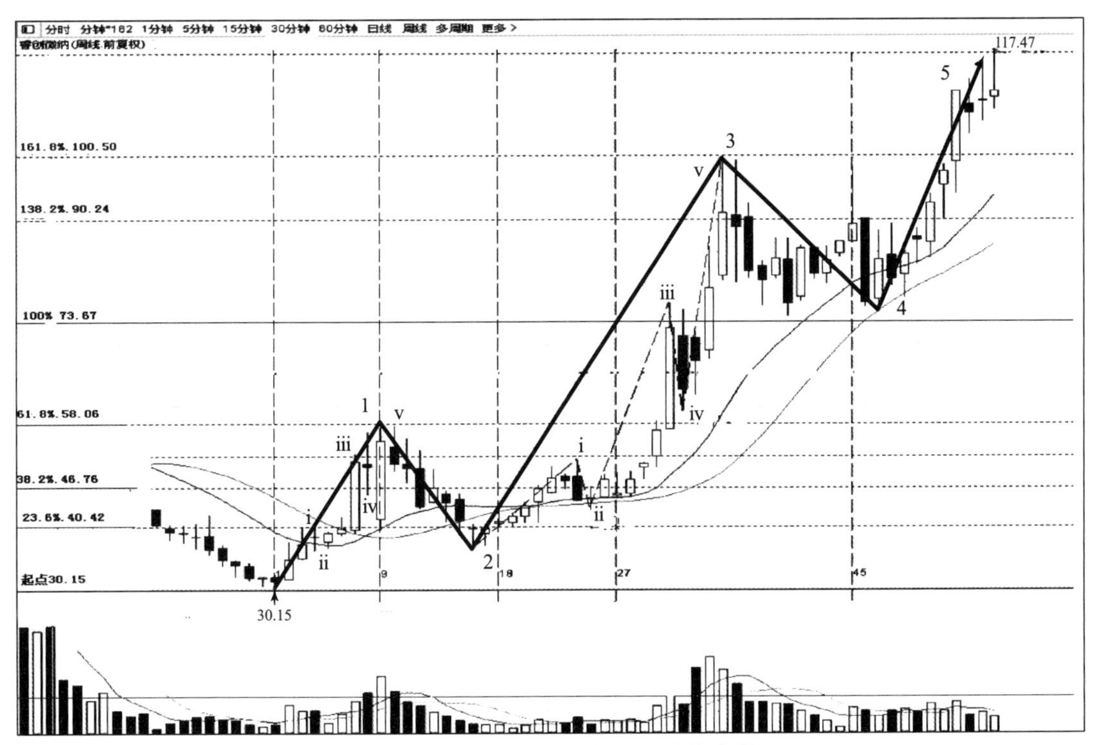

图 5 -10　睿创微纳周线 5 -3 结构走势

1 浪理论目标 = 30.15 + L × 0.618 = 30.15 + 43.52 × 0.618 = 58.06（元），实际 2 月 7 日 1 浪最高点是 57.78 元。仅差 0.28 元。

3 浪理论目标 = 30.15 + L × 1.618 = 30.15 + 43.52 × 1.618 = 100.57（元），实际 8 月 6 日 3 浪最高点是 100.60 元。仅差 0.03 元。

依据波浪理论推动浪的比也可以计算出 3 浪的理论目标。

3 浪目标 = 3 浪起点 + 1 浪的波幅 × 1.618 = 36.64 + (57.78 − 31.15) × 2.618 = 106.35（元）

5 浪理论目标 = 30.15 + L × 2.618 = 30.15 + 43.52 × 2.618 = 144.05（元）。截至 2020 年 12 月 31 日 5 浪还没有走完。正常情况下，使用趋势线、多空分界法监控 5 浪的走势，一旦价格跌破 5 浪上升趋势线，下跌幅度与下跌时间超过多空分界点，发出卖出条件，我们即刻离场。

读者可以自己看一下时间之窗，图中时间之窗是以 1 浪运行时间为基础的斐波那契时间之窗。1 浪共运行 9 周，初始斐波那契数列为 9、18、27、45、72、117……不难看出图上的时间之窗都是重要的变盘点。这就是我们强调基础数据研究的重要性。

睿创微纳的五波上升结构与成交量配合也是完美的，1 浪温和放量，3 浪成交量达到顶峰，5 浪出现量价背离。

二、传音控股（688036）

如图 5 − 11 所示，2019 年 12 月 4 日传音控股创出 36.60 元低点，12 月 18 日创出ⅰ浪高点 43.07 元，1 浪是一个 120 分钟级别五波上升结构走势。

基础波幅 $L = l \div 0.236$ = (43.07 − 36.60) ÷ 0.236 = 27.42（元）。

通常情况下，1 浪的理论目标是初始波混沌区域 61.8% 上轨，传音控股ⅲ浪就突破了这一区域，并回头确认突破成功，出现混沌区域第 3 类买点，是强势股的特征。

同样，由ⅰ浪运行时间构成的初始斐波那契时间之窗也是十分准确的，L60 是 1 浪 v 的最佳介入点，L100 是 c 浪向下突破的突破点。

如图 5 − 12 所示，图中价格坐标是周线级别初始波斐波那契数列，对 3 浪和 5 浪的目标依然有指导作用。读者可以自己根据图上日期，实际复盘一下。

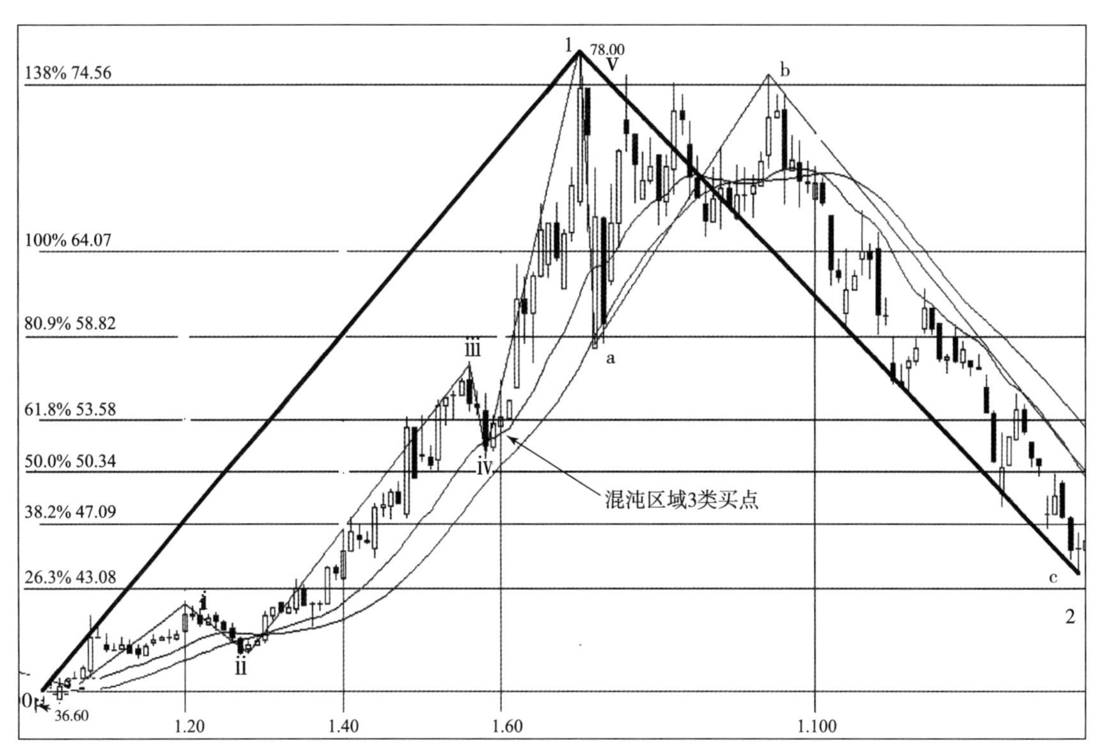

图 5－11　传音控股 120 分钟 5 波上升结构图

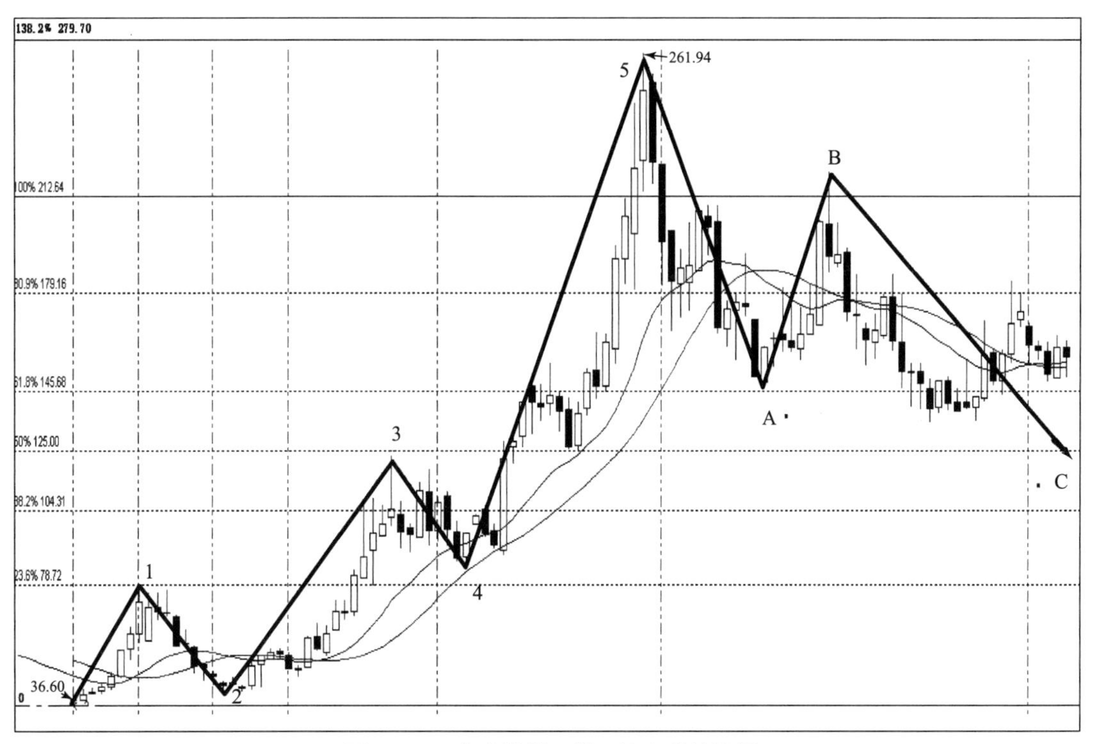

图 5－12　传音控股日线五波上升结构图

三、佳华科技（688051）

如图5－13所示，佳华科技1浪终点与初始波61.8%基本目标位是一致的，3浪终点与初始波161.8%目标位相差也就6%左右，而5浪在运行到初始波200%位置时遇阻回落，价格跌破上升趋势线，5浪失败走出了一段较大的调整行情，依据初始波理论5浪的目标位在初始波261.8%附近。

我们应用波浪理论分析一下推动浪之间的比例关系。3浪走出的延长浪是1浪的2.48倍，从理论上讲3浪走出了延长浪，5浪与1浪上涨幅度相近，这里5浪的上涨幅度是1浪的1.29倍，1、3、5浪的上涨幅度大致上还是符合推动浪之间比例关系的。

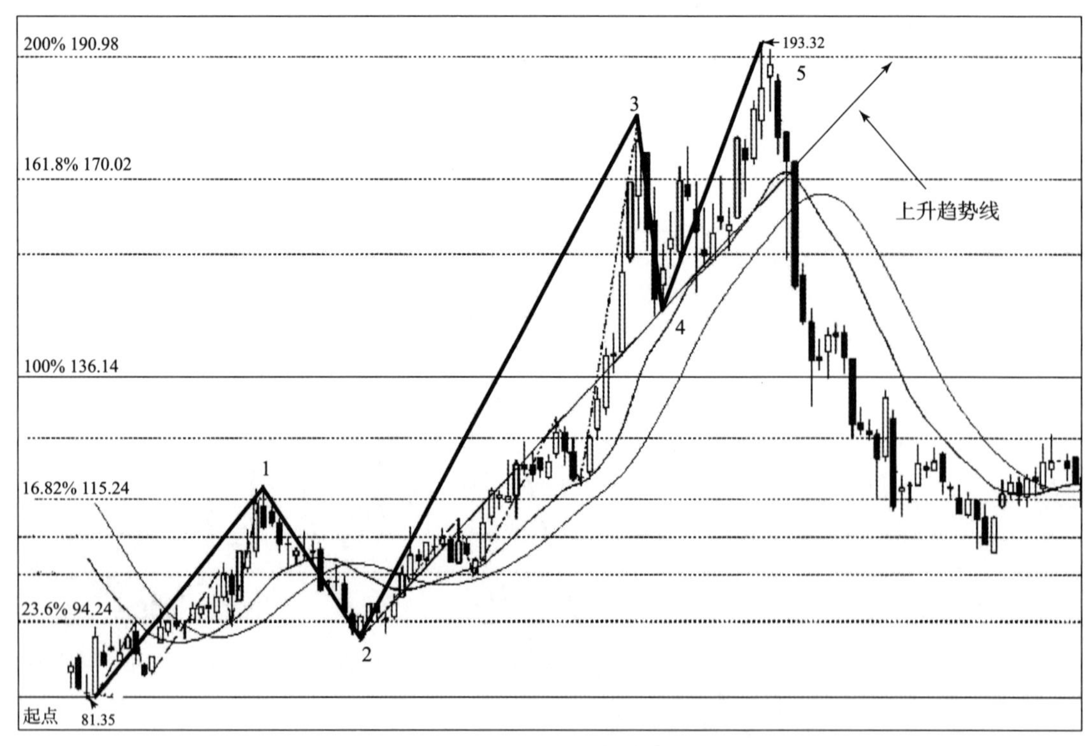

图5－13　佳华科技日线五波上升结构图

四、本节小结

本节的案例是在科创板中按上市先后顺序随机找出的三个，不是特例，我讲的这种方法非常简单、实用。具体特点如下。

（1）ⅰ浪就是我在《WZ 定量化结构交易法》一书中讲的初始波幅，应用初始波幅计算 1 浪、3 浪、5 浪及浪 C 的目标区域是相当有效的，是配合波浪理论实现定量化分析的基础。

（2）应用波浪理论必须搞清楚三个维度、三个铁律、三个阶段以及四个指南，学会弄懂这四个方面波浪理论就没问题了。

（3）在波浪划分上应注意：从最大级别原始起点向后逐级划分；三个推动浪内部上涨结构都是五波上涨结构，但 3 浪内部结构必须遵循推动浪的三大铁律；波浪划分上同级别推动浪与调整浪应符合同级别推调浪比例关系。

（4）最后要学会如何判定 1 浪、3 浪、5 浪及 C 浪是否终结，也就是学会四象分析法。一是判定趋势是否终结，应用的是多空分界法。当价格跌破主趋势线时，我们计算一下这个反向调整趋势的调整时间和幅度，当调整时间和幅度都大于前边任何一波调整时间与调整幅度时，我们判断主趋势终结，并在随后的反弹中卖出或买入。二是在空间上我们应用初始波理论，依据初始波幅计算出 1 浪、3 浪、5 浪及 C 浪主推动浪目标范围。三是形态上是否完成五波上升结构。四是应用成交量变化对价格走势进行确认。

第四节 5-3结构驱动浪应用实例

驱动浪也有三大铁律：2浪不破1浪起始点；3浪不能最短；1浪、4浪重叠。驱动浪与推动浪的不同之处就是最后一条。例如，引导楔形和终结楔形内部1浪、4浪是重叠的，属于驱动浪。

一、昆仑万维（300418）

如图5-14所示，昆仑万维（300418）2018年10月19日周线创出11.21元低点，11月16日创出ⅰ浪高点15.52元，1浪是一个周线级别五波上升驱动浪走势。

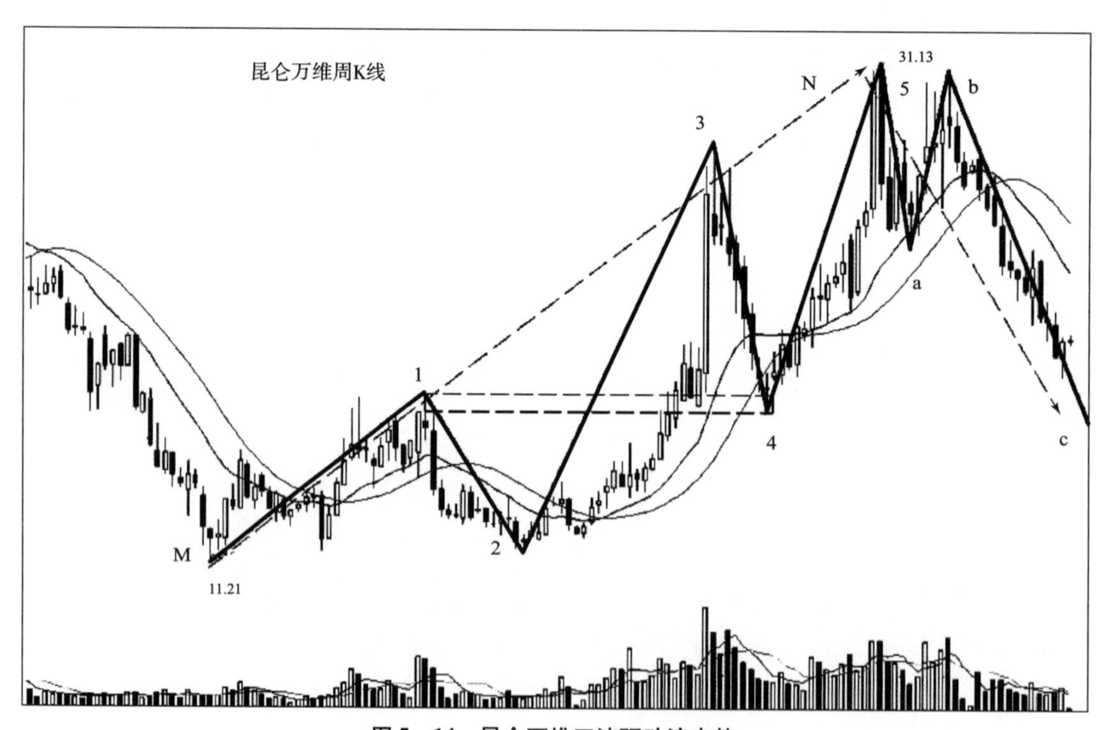

图5-14 昆仑万维五波驱动浪走势

基础波幅 $L = l \div 0.236 = (15.52 - 11.21) \div 0.236 = 18.26$（元）

这个例子与上节不同的是1浪、4浪有重叠部分，五波上涨走势是以驱动浪形式展开的。1浪、4浪有重叠反映了主力资金的能力不足，无法控制价格重返底部成本区域。也可能是主力资金筹码不足，需要回到底部区域反复吸筹的需求。无论是哪种行为，有一点是肯定的，是主力做多意愿不强，只是跟随大势做多而已，属于场内资金行为。

由驱动浪形成的五波上涨结构也是遵循初始波理论的，只是上涨目标要比正常小得多，昆仑万维形成1浪ⅰ后，五波上涨只完成了一个基本波幅 L，即理论计算100%位置（11.21 + 18.26 = 29.47元），实际最高31.13元。

由驱动浪组成的五波上涨走势，各个同级别驱动浪之间的推调浪比例要超出正常比例，昆仑万维2浪回调最低点11.49元，远远大于1浪、2浪同级别正常最大推调浪比80%，3浪、4浪也是同样，3浪最高点27.67元、4浪低点16.98元。4浪实际回调66%远大于正常回调的38.2%水平。

二、金力永磁（300748）

如图5－15所示，金力永磁（300748）2020年03月23日周线创出26.09元低点，04月03日创出ⅰ浪高点33.52元，1浪是一个日线级别三波上升走势。

基础波幅 $L = l \div 0.236 = (33.52 - 26.09) \div 0.236 = 31.48$（元）

金力永磁1浪、3浪及5浪上涨的内部结构都是由三波上涨构成，3浪的实际目标是初始波的50%，5浪的实际目标是50.14元，小于100%位置57.57元。4浪的回调幅度在63%左右。实际上金力永磁的这个走势，就是一个由五波上涨驱动浪构成的大一级别的（1）浪走势。

三、5G ETF（515050）

如图5－16所示，5G ETF（515050）2019年11月27日周线创出0.933元低点，12月18日创出1浪高点1.05元，1浪的子浪是一个日线级别五波驱动浪上升走势。

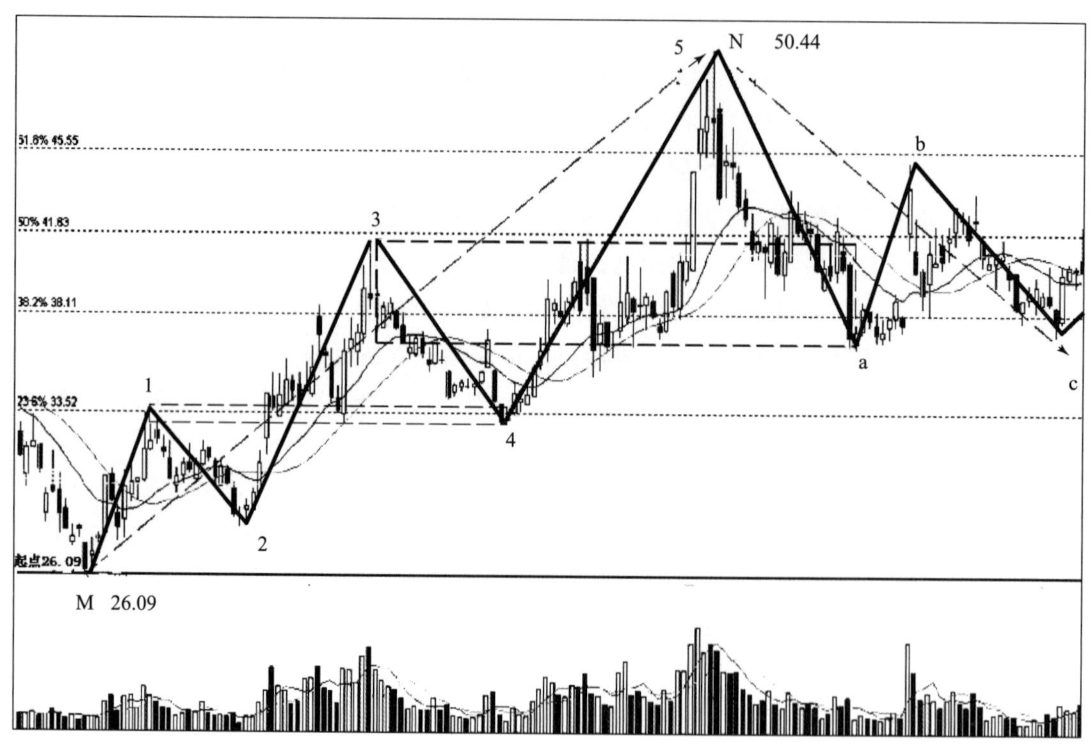

图 5－15　金力永磁日线走势图

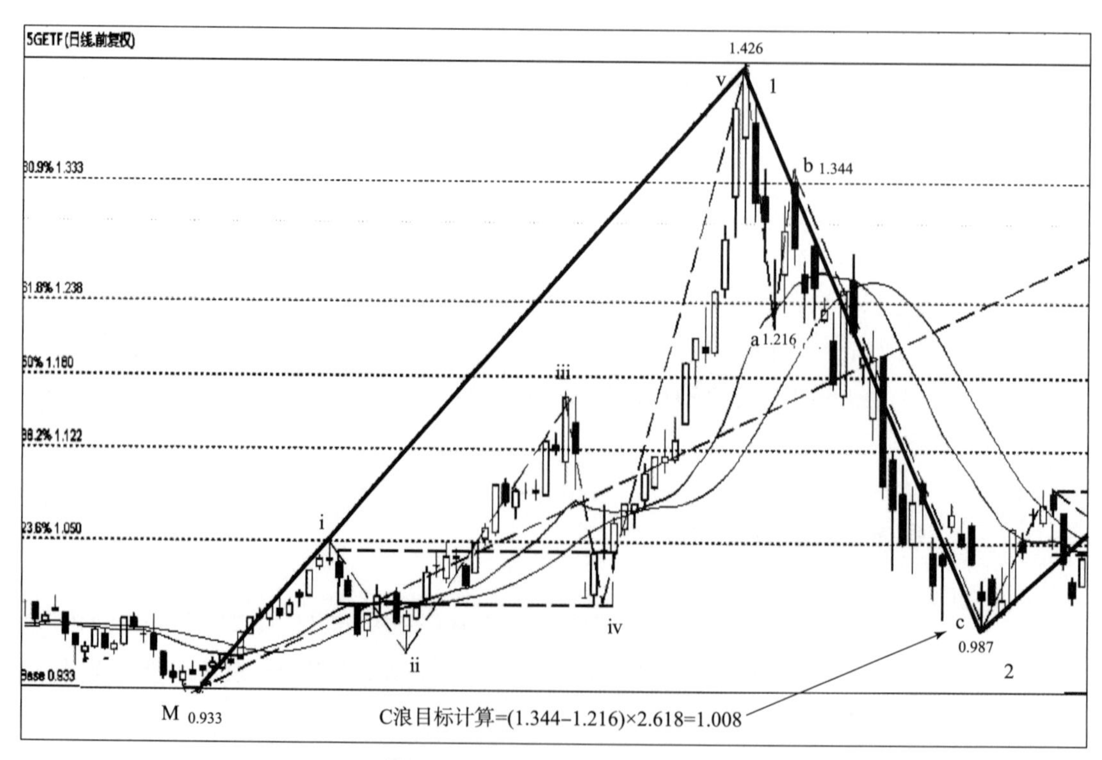

图 5－16　5G ETF 日线走势图一

由驱动浪形成的五波上涨结构也是遵循初始波理论的，只是上涨目标要比正常小得多，5G ETF 形成 1 浪后，五波上涨只完成了一个基本波幅 L，$L=(1.05-0.933)\div0.236=0.496$（元），计算 100% 理论位置（0.933 + 0.496 = 1.429 元），实际最高 1.426 元。

如图 5－17 所示，1 浪最高点是 1.426 元，2 浪最低点是 0.978 元，回调 90.8%。紧接着的第 3 浪走势与第 1 浪从上涨幅度及内部结构是完全一致的。从大周期上讲 1 浪、2 浪、3 浪是一个 N 形三波走势，是周线级别的（1）浪，而 4 浪构成了周线级别的（2）浪。

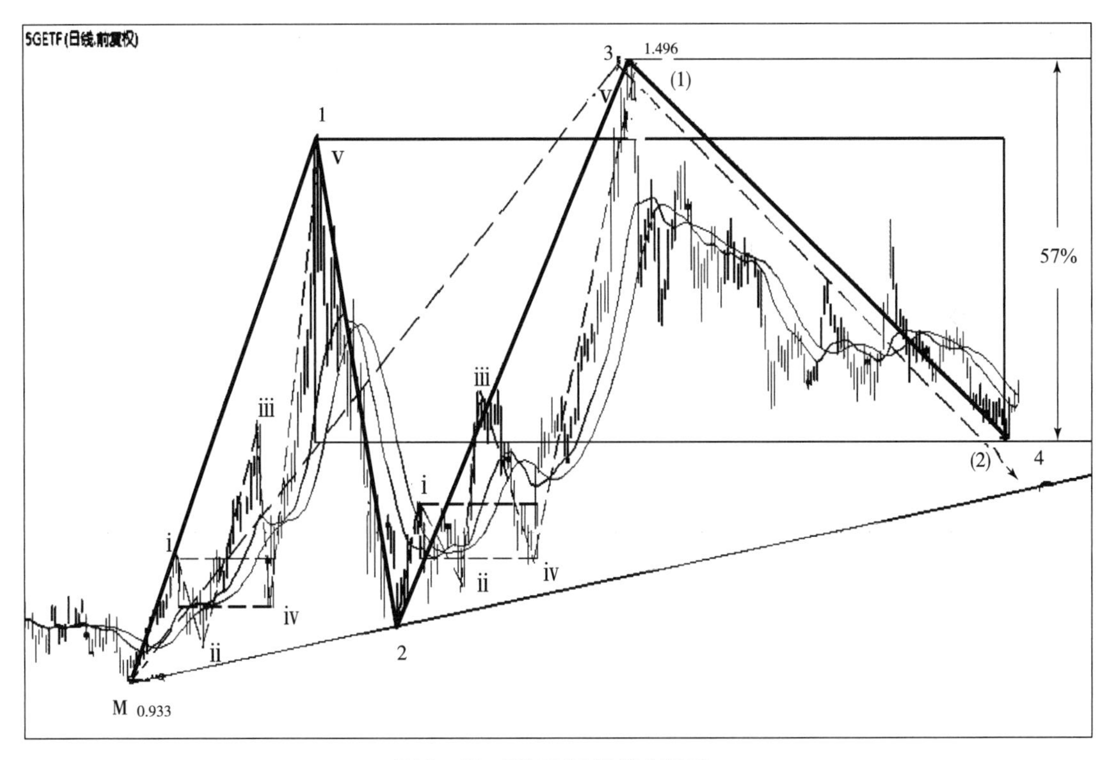

图 5－17　5G ETF 日线走势图二

四、美瑞新材（300848）

如图 5－18 所示，2021 年 8 月 24 日美瑞新材分时线 5－3 结构，五波上涨结构完全遵循推动浪三大铁律，三波调整浪内部 a5－b3－c5 结构清晰，c 浪的终结点也正好位于 B 浪等幅下跌百分之百的位置上。

图 5-18　美瑞新材分时线上 5-3 结构

综上所述，由驱动浪构成的上涨结构基本上是大一级别的 1 浪走势，而之后的 2 浪回调幅度应在 61.8%~80%；发现 1 浪的次级别ⅰ浪、ⅳ浪有重叠现象，就不应该重仓操作，最起码要等待大一级别的 2 浪完成后，再寻机介入。初始波理论同样适合驱动浪走势，只是驱动浪的计算目标要小得多，正常情况下 1 浪目标在 38.2%~50%，3 浪目标在 61.8%~80.9% 区域，而 5 浪目标也就在 100% 位置左右。当价格完成 100% 目标之后，随后的调整都比较大，个别股甚至创新低。因此，驱动浪走势的个股不是首选。

本章小结

本章第一节介绍了两种重要的顶部和底部形态，是最常见的顶部及底部形态，是形态分析的必备常识。另外还有几种常见的顶部或底部形态，如圆弧形、V 形等都是非常重要的，本章所叙述的是波浪理论应用的基础，为防止混淆概念没有过多讲形态结构，只是提醒一下投资者顶部和底部形态的重要性。

从第二节开始讲的例子，是从定量化角度讲如何利用初始波理论以及波浪理论的同级别推调浪比例，从形态、空间、时间上定量化分析价格走势。这种分析方法需要按照实例中所讲解的步骤反复实践练习，才能从中得到要领。本章是波浪理论应用的核心内容，归纳小结一下，但我自己还是感觉归纳得不全面，有些问题很难说明白，只能靠读者自己在实践中悟。

一、应用波浪理论的四个主要问题

应用波浪理论必须搞清楚四个方面的问题：三个维度、三个铁律、三个阶段、四个指南。学懂弄通这四方面内容，就可以说是学会了波浪理论的基础部分。剩下的关键就是灵活运用，不能死数浪，也不能仅凭波浪理论做出交易决定，最起码要结合趋势应用波浪理论。笔者认为无论什么分析理论和方法，趋势分析都是第一位的，数浪、划浪也是一样，尤其是当你数不清楚的时候，价格只要遵循趋势，这个浪就没结束，不必纠结其中什么形态有几浪，价格形态在没有走完的时候，是看不清楚的。

二、位置比形态重要

上面讲的 4 个方面中的“三个阶段”指的是：筑底阶段、成长阶段、调整阶段。应用波浪理论分析时，首先要明确知道价格所处的位置，之后才看形态。位置是指价格在大一级别所处的是什么位置，而形态是指当下分析级别的结构形态。

（1）一个日线级别下跌趋势的终结，必然会生成一个30分钟的反弹行情。在其中价格所处的位置就是日线级别的阶段性底部阶段，而形态就是指这个30分钟级别初始反弹结构是否生成。这也是为什么分析要从左右两边看，只有两边都成立，才能出现确定性买点。

（2）价格已经完成五波上涨结构，处于成长阶段的末端位置，你不能认为调整后的反弹会出现超级5浪，而大量买入。

（3）还有一个就是价格进入3浪快速成长阶段，你不能凭臆想，感觉价格涨得差不多了就卖出，也不能因为一个正常回调而卖出。卖出的唯一条件是趋势和空间上出现了卖出条件。

三、要重视1浪的内部结构形态

划分波浪最起码要从两个级别划起，也就是本级别和子级别。划分时要特别注意子浪的内部结构。例如本级别的1浪内部子浪有三种形式：五波推动浪结构，表明主力做多意愿很强；五波驱动浪结构，表明是场内资金行为，行情可能是顺大势而为；三波上涨，表明是震荡整理行情。再如第3浪的内部子浪只有一种形式，就是五波推动浪结构，否则就不是3浪。

四、要重视1浪、2浪内部结构的研究

（1）若1浪的内部子浪是一个明确的五波推动浪走势，那么，这一定是主力资金行为。若接下来的2浪调整时间是1浪运行时间的0.618~1倍，调整幅度0.5~0.618区间，那么，就可以确信这是一个强势股，2浪终结就是最佳的介入点。

（2）当发现这种1浪、2浪的强势股，我们就要应用初始波理论计算出1浪的理论目标是多少，并与实际目标比较一下，看一下实际目标比理论目标是强还是弱，以作为后势强弱的判断依据。同时，应用初始波目标公式计算出3浪及5浪的目标区域，作为我们判断3浪和5浪终点的参考依据。

（3）3 浪 ⅱ 是最佳的介入点，主升浪 3 浪是每个投资者寻找的最佳投资时机，而只有价格突破 1 浪高点，走出 3 浪 ⅱ 时才能确定 2 浪结束，因此，3 浪 ⅱ 是最佳的介入点。

五、4 浪与 1 浪是否重叠是价格强弱的关键

选股票跟选人一样，一定要选择品格和姿态最美的人合作，我们在第三节讲的五波上涨行情是由推动浪构成的，上涨节奏感强，逻辑结构清晰。这样的股票就是我们要寻找的投资标的。尤其是 1 浪的内部子浪也是由推动浪组成的个股。只有推动浪符合波浪的三大铁律。驱动浪虽然也是一种五波上涨结构，但是它的 4 浪与 1 浪重叠，反映了主力拉升还处于底部阶段的行为，是一种拉升——洗盘——吸筹行为，拉升的幅度及目标都远不及推动浪，因此，如果发现 4 浪与 1 浪重叠的个股，目标不要期望太高，应在之后的 5 浪尽快离场。

六、要注重“同级别推调比”分析

同级别推调浪比例可分为时间比例和空间比例，是我们分析五波结构是否完美的有效方法。例如，在分析 1 浪、2 浪和 3 浪、4 浪的同级别推调浪比例时，如果 2 浪调整时间与调整幅度都小于正常值，那么 3 浪走出延长的几率就非常大。如果 4 浪的回调时间与调整幅度都超过正常值，那么走出健康的 5 浪就比较难。总之，波浪理论的分析就是不断计算对比各个浪之间比例的协调性，包含推动浪之间的比例，以判断其是否完美。

第六章

应用波浪理论实操步骤

在实际操作中，任何一种分析或操作方法都是有局限性的，波浪理论也是一样。实操交易时一般主要从趋势、价格空间及形态结构三方面去分析价格走势，最后本着一致性原则判断价格走势的终结点位置区域。分析中最主要的是趋势，其次是空间结构，第三是形态结构。趋势和空间结构是大格局是宏观，形态结构是细节是微观。对价格结构的分析与任何技术分析的本质是一样的，都要从大局着眼，小处入手，才能做对、做好。

第一节 波浪的划分

一、以大周期的原始起点为起点

因为起始点都是有级别的，只有从原始起点开始划，划到最后一波行情起点，才能准确确定最后一波行情的起点是什么级别，才能正确判断这波行情的性质及大致目标范围。下面我们举几个例子说明一下。

1. 实例一——五粮液形态结构分析

如图6－1所示，五粮液季度K线图，原始起点是1998年2季度最低点负10.44元，我们以负10.44元为起点划分五粮液价格走势结构。在季度K线图上可以清晰地看到2007年四季度高点38.91元为（一）浪高点，（三）浪高点是2021年一季度完成的354.61元。下面我们从形态和空间两个方面分析一下价格当下所处的位置。

（1）形态结构分析。

在五粮液季度K线上（图6－1），（一）浪的上涨幅度为49.35元，（二）浪回调幅度为39.79元，回调比例为80.62%，可见（一）浪和（二）浪的走势是协调的。再计算一下（三）浪的上升幅度是355.49元。依据同级别推调浪比例关系，（四）浪的回调幅度在38.2%～50%，计算一下38.2%回调位置是218.81元，2021年8月2日低点212.15元已经非常接近38.2%位置。在实际交易中，当下我们要去30分钟K线图上仔细观察价格是否有终结现象，是否企稳，是否生成30分钟级别底部形态结构，30分钟级别反弹是否能突破调整趋势线，价格突破短期下降趋势线回头确认是我们最好的介入点，只要将前边低点212.15元设为止损点就可以操作了。

（2）空间结构形态分析。

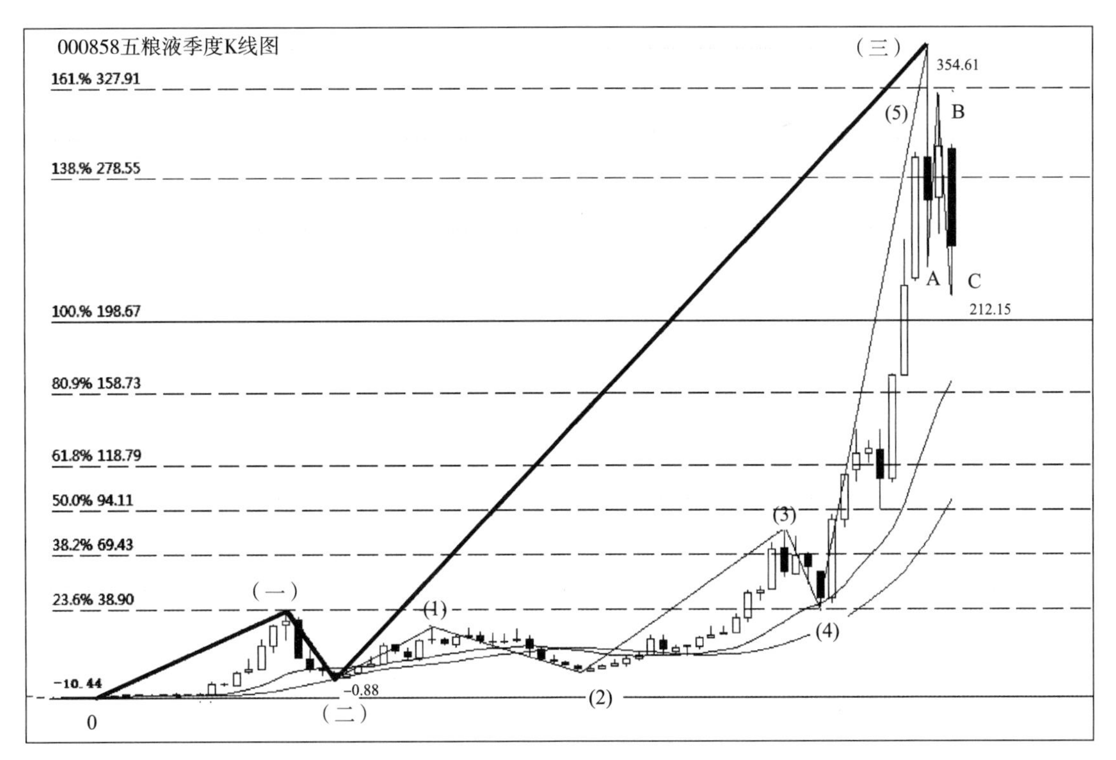

图6-1　五粮液季度K线图

空间结构形态分析的理论依据是初始波理论，应用初始波理论可以预测价格未来生长的空间结构。在价格的空间结构中，初始波61.8%位置最为重要，61.8%以下为混沌区域，价格在混沌区域内是孕育阶段，价格运动特点是区域震荡。价格一旦突破混沌区域上轨，回头确认突破成功就会进入快速成长阶段，初级目标是初始波100%位置，基本目标是初始波161.82%位置。下面我们计算一下五粮液的初始波空间结构。

实际很简单，我们将（一）浪上升幅度作为初始幅度，应用初始幅度就可以计算出价格未来的空间上涨结构：

61.8%位置 $=-10.44+49.35\div0.236\times0.618=118.83$（元）

100%位置 $=-10.44+49.35\div0.236=198.67$（元）

161.82%位置 $=-10.44+49.35\div0.236\times1.618=327.90$（元）

应用初始波理论计算出的61.8%、100%、161.82%位置都是技术分析中重要的观察点。实际走势中，五粮液突破61.8%混沌区域上轨后就进入了（三）浪快速拉升阶段。价格到达并突破100%位置后，回调幅度和时间极短，表示价格依有强烈上涨欲望，经过短期强势整理后继续上攻，2021年1月8日最高333.08元才出现上涨以来最大一次回调，而这个位置与初始波161.82%位置327.90元，仅差5元左右。之后虽然又创出354.61

元新高，也是强弩之末，在日线上价格与 MACD、成交量都出现背离现象。

波浪理论从形态结构上对未来价格走势有预测作用，而初始波理论是对未来价格空间结构的分析。当价格到达初始波重要的理论目标位，恰好此时价格也完成了（三）浪（5）或（五）浪（5），二者在形态与空间上达到协调统一，也就是所谓的共振。价格进入这一目标区域，若是出现调整并且跌破 30 分钟级别短期上升趋势通道线，那么就是趋势、空间、形态三者在此区域达到共振，此时如果再结合 MACD 和成交量，完全可以在价格创出 354.61 元新高附近离场。

2. 实例二——上证指数形态结构分析

如图 6－2 所示，上证指数 45 天 K 线图，上证指数原始起点是 95.79 点，（1）浪高点是 1558.95 点，从 1990 年到 2008 年虽然也是五波形态上涨走势，但跟五粮液的上涨结构完全不同。

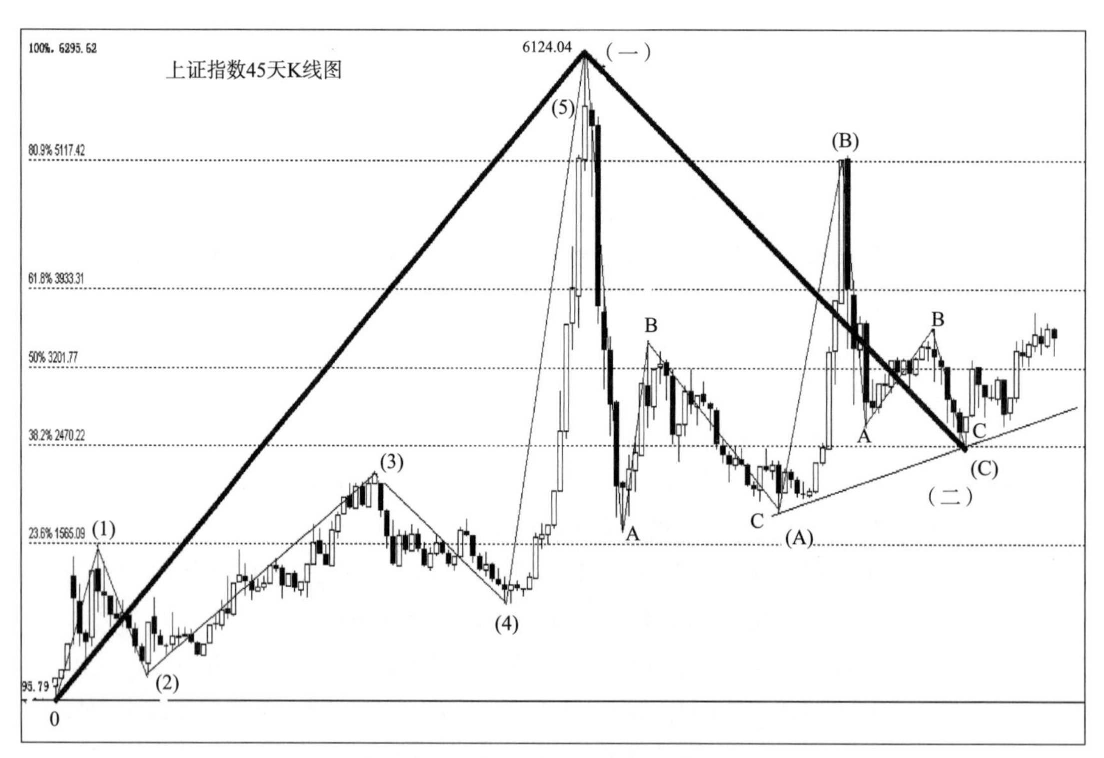

图 6－2　上证指数 45 天 K 线图

上证指数（4）浪与（1）浪是重叠的，是典型的五波驱动浪走势，这是市场初期的走势特征，这个走势在技术分析上只能作为大级别的（一）浪，接下来的回调幅度应遵循（一）浪与（二）浪的同级别回调比例关系，实际（二）浪回调最低为1664.93点，回调幅度为73.97%。

我们再应用初始波理论分析一下上证指数的空间逻辑结构，由上证指数起点和（1）浪高点可以计算出初始波幅为1463.16点，由此，计算一下61.8%和100%位置的点位。

61.8%位置 =95.79 +1463.16 ÷0.236 ×0.618 =3927.28（点）

100%位置 =95.79 +1463.16 ÷0.236 =6295.62（点）（上证指数最高6124.04点。）

依据初始波理论上证指数目前处于混沌区域，只有突破并站稳3927.28点混沌区域上轨才能有一波快速拉升行情。

3. 实例三——华友钴业形态结构分析

如图6－3所示，华友钴业（1）浪走势与上证指数大周期（1）浪走势是相同的，之后的（2）浪回调比例为76.69%。（3）浪的内部结构则是标准的推动浪结构，1浪至4浪走势都严格遵守推动浪的三大铁律。截至2021年8月4日无论是从趋势、价格空间结构还是形态结构上，都不能判定（3）浪中的5浪终结，也就是（3）浪结束。

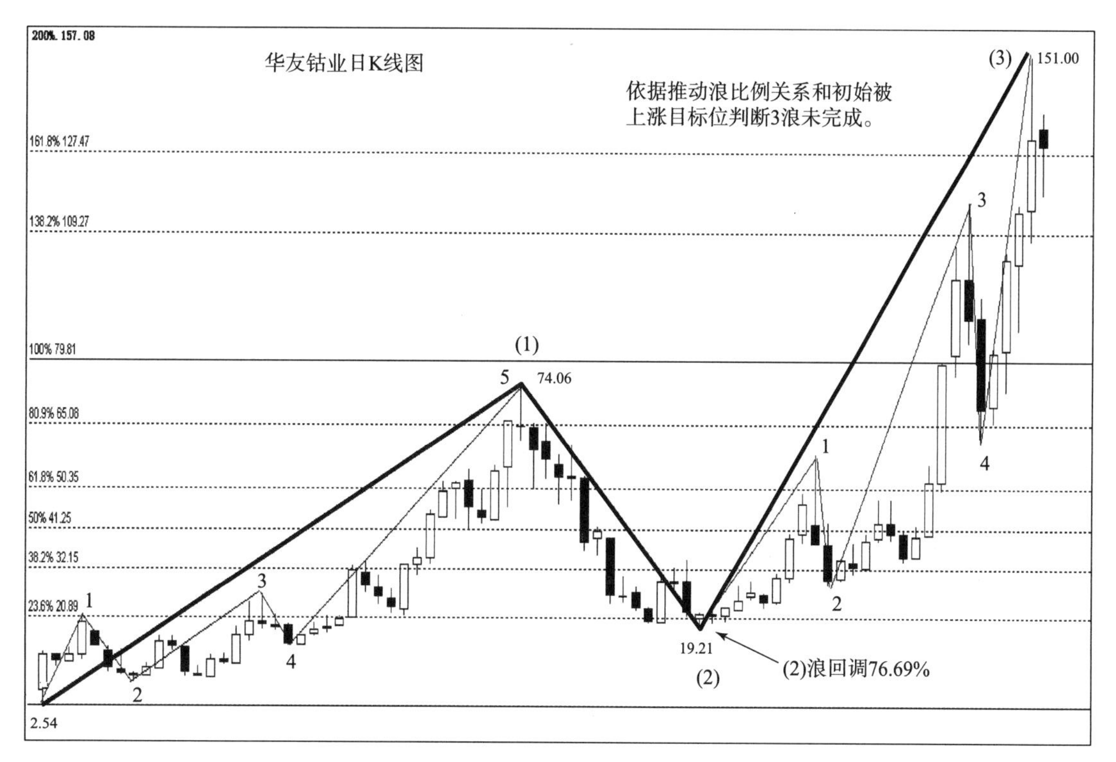

图6－3 华友钴业月K线图

应用波浪理论划分5浪结构，其目的就是为了找到一波行情的终结点。华友钴业2021年7月13日创出151元高点，从上升幅度分析，（3）浪的上升幅度已经大于（1）浪的1.618倍，也就是说（3）浪有延长迹象。换个角度，从初始波空间结构上分析，（3）浪已经突破161.8%正常目标位，最为关键的是自151元高点以来的调整并没有破坏日线级别上升趋势通道线。实际中观察（3）浪是否结束，必须去月线级别的次级别观察，下面我们就在日线级别上观察分析（3）浪中的5浪是否终结。

如图6－4所示，应用原始起点在月线级别上找到了5浪的起点4浪的终点。这为我们正确分析（3）浪是否终结提供了保障。判断（3）浪是否结束最重要的是趋势，当下价格调整并没有破坏日线级别上升趋势通道线，在（3）浪中的5浪的形态结构上，5浪中的ⅲ浪是一个标准的推动浪结构，内部结构清晰②浪未破①浪起点；④浪未与①浪重叠；③浪不是最短的一浪。因此，当下的调整浪我们暂时定义为5浪中的ⅳ浪。为什么是暂时呢？因为价格如果继续向下调整跌破日线级别上升趋势通道线，我们就要重新分析这个走势是否终结。

图6－4　华友钴业日K线图

实际中观察5浪中的ⅳ浪是否结束，还是要在日线级别的次级别上观察，也就是在30分钟级别上观察分析5浪中的ⅳ浪是否终结，是否能生成5浪中的ⅴ浪，总的说一切都需要仔细观察，不能臆断未来行情就一定会生成5浪中的ⅴ浪，一切都应该按照是否发生终结条件判断，方法与条件在前面都讲过就不再重复。

依据波浪理论（3）浪走出延长浪，其目标应该是（1）浪的2.618倍206.45元，应用初始波空间结构计算（3）浪延长目标应该是初始波261.8%位置205.10元。看用两种方法计算的理论目标位如此相近。

方法1，用波浪理论计算（3）浪延长目标是1浪的2.618倍：(74.06－2.54)×2.618＋19.21＝206.45（元）

方法2，用初始波理论计算（3）浪延长目标是初始波261.8%位置：2.54＋18.26÷0.236×2.618＝205.10（元）

其中，20.80元2015年5月28日高点，18.26元为（1）浪1波幅20.80－2.54＝18.26（元）。

二、本节小结

（1）原始起点是波浪理论最可靠的分析起点，有正确的起点，再应用正确的分析方法，找到当下行情的分析起点，再进入次级别或次次级别划分内部走势浪形，达到寻找行情终点的目的。

（2）在正确起点这个基础上，划分1、2浪或3、4浪之后一定要应用同级别比例关系计算分析一下，你所划分的1、2浪或3、4浪比例关系是否符合正常的同级别比例关系，如果误差较大，可能就是划分有误。

（3）记住3浪肯定是推动浪结构，3浪的内部结构必须遵守三个铁律，否则就不是3浪。

（4）分析价格走势一定要从趋势、空间、形态三方面去分析。其中趋势是最重要的，趋势和空间结构是大局，形态是小节是局部细节。做投资分析一定要重大局，从大局出发，从细微小节做起。

第二节　1浪如何操作

绝大多数人是不懂得如何应用技术分析去寻找最佳买点，也不相信技术分析。更不懂得买入后如何设置止损点等技术操作规则。技术分析绝对不是单凭几个技术指标和简单的K线、均线就能解决的。可以这么说，技术分析是一门综合艺术。

1浪是上升行情的起点，寻找1浪的最佳买点，本质上是寻找上一段下跌趋势的终点。也就是如何判断下跌趋势终结。请记住下面这三条判断依据。

（1）价格反弹必须突破下跌趋势线的压制，锯齿形调整价格突破C浪下降通道上轨，并且回头确认不再创新低。

（2）从空间结构上讲，1浪中的i浪的反弹幅度肯定大于前边下跌趋势中的任何一波反弹幅度。

（3）从形态结构上讲，1浪中的i浪的内部结构应该是五波上涨结构，而前边下跌趋势中的反弹浪都是三波结构。

一、如何判断下跌趋势结束

如图6-5所示，德赛西威2017年12月份上市，从最高点是47.75元开始调整，47.75元是我们分析的初始起点，A浪最低点31.00元，B浪最高点40.19元。下面我们就从空间、形态及趋势三个方面分析一下C浪的终结点。

（1）从空间上计算一下C浪的下跌空间结构，我们在《WZ结构定量化交易》一书中讲过应用B浪反弹幅度计算C浪下跌空间结构。B浪反弹幅度为9.19元。

C浪下跌100%位置=31-9.19=21.81（元）

C浪下跌161.8%位置=31-9.19×1.618=16.13（元）

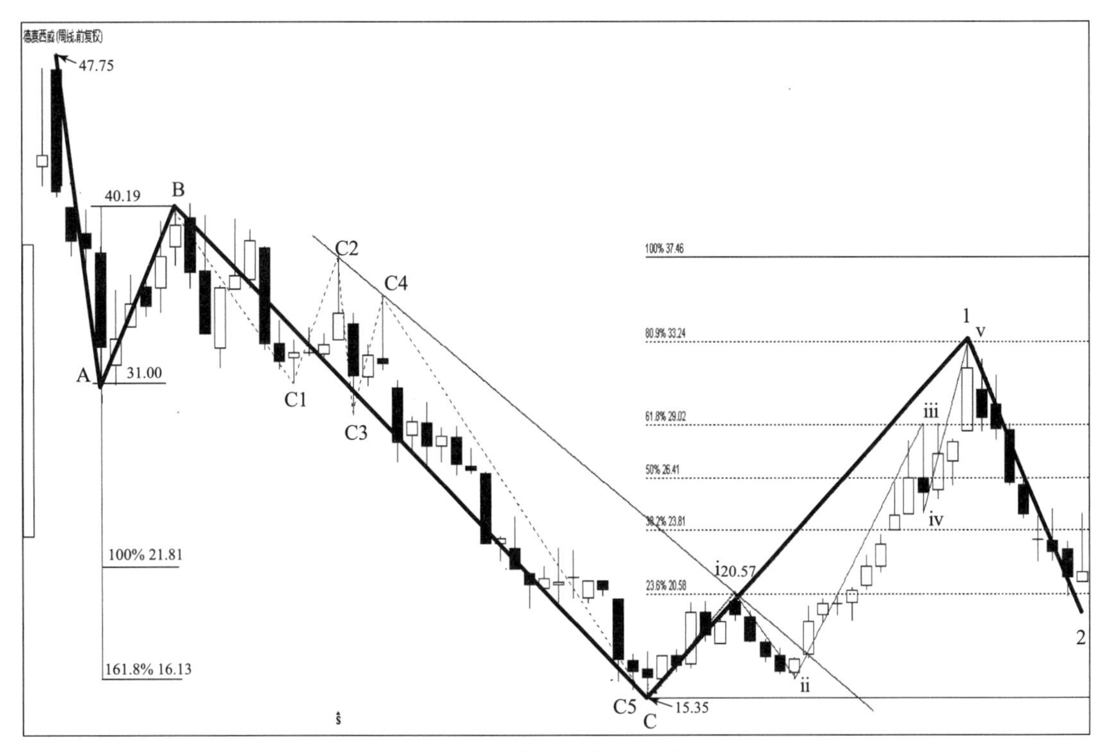

图6-5　德赛西威周K线图

（2）从形态结构上分析，C浪下跌都是五波下跌结构，C5浪一路下跌创出15.35元低点后，才走出了一波较大的反弹行情，反弹高点恰好在C2与C3浪高点连线形成的趋势线上。

（3）从趋势上判定C浪结束，依据道氏理论价格反弹创出高点，之后回调没有再创新低，二次反弹再次突破前高即可判定前边下跌趋势结束。

综合分析，当价格二次反弹突破C浪下跌趋势线压制就可以基本判断C浪终结，C5浪的结束点15.35元与理论上161.8%下跌目标位置16.13元仅差4.8%。此时无论是趋势、空间还是形态结构都达到了C浪终结条件，我们已经可以将C点15.35元作为新一轮行情的起点，去次级别寻找最佳买点。

二、如何寻找1浪买点

如图6-6所示，仔细观察一下ⅰ浪的内部形态结构及ⅰ浪反弹幅度，就可以发现ⅰ浪的内部形态结构是一个典型的五波推动浪结构，反弹幅度也都大于 C 浪下跌中任何一波反弹幅度。前面我们讲的三个判断条件，只有趋势还未突破。此时我们可以假定 15.35 元就是新一波行情的起点，而接下来的调整就是我们确定这个起点是否成立的依据。我们可以依据ⅱ浪的理论调整范围，结合成交量来判断最佳买点，分批建仓，但有一点要记住，如果价格跌破 15.35 元下跌趋势将延续，跌破 15.35 元要止损。具体买入点分析如下。

依据同级别推调浪比例，ⅱ浪的理论下跌空间是ⅰ浪的 61.8%～80%，我们计算一下ⅱ浪终点的大致范围是 17.34 元~16.39 元。2018 年 12 月 27 日走出了调整以来最大的一根阴线最低 16.52 元，之后窄幅震荡 3 天成交量出现萎缩。2019 年 1 月 4 日跳空低开最低 16.26 元，随后逐级走高，成交量突破 5 日均量线，价格也突破 30 分钟级别多空线。

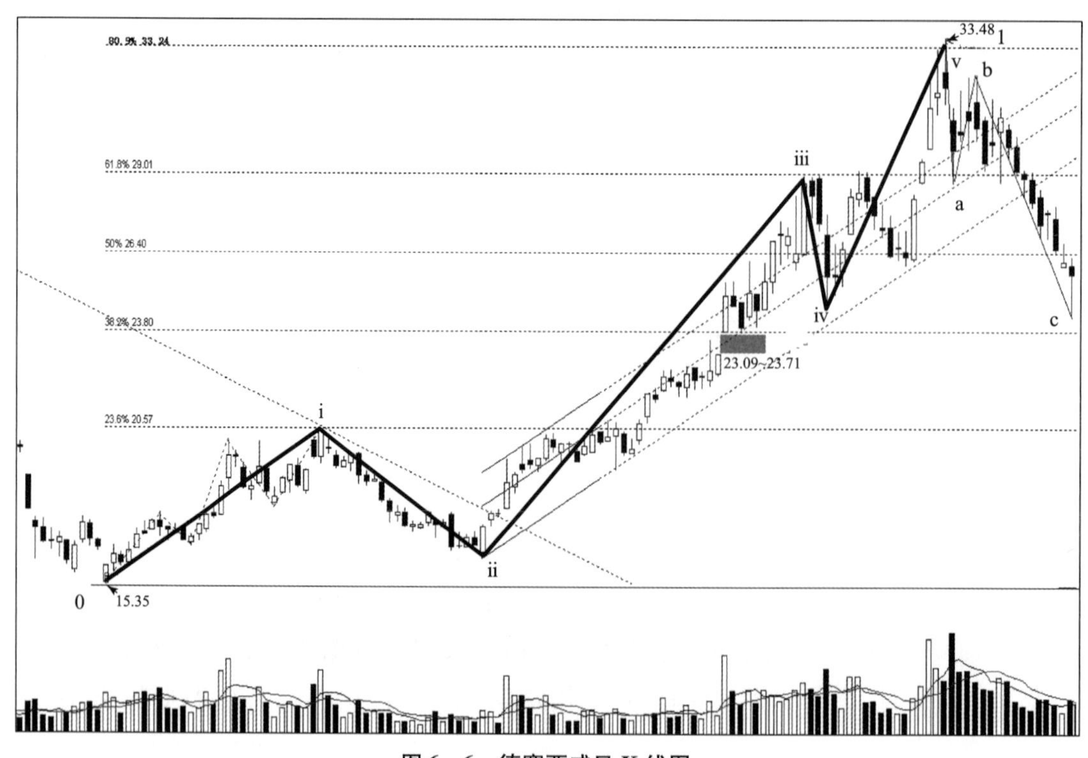

图 6－6　德赛西威日 K 线图

分析到这里，从调整位置和成交量上都可以确认ⅱ浪调整结束。可以在价格突破 30 分钟级别多空线建仓，随后第 2 天跳空高开，第 3 天在下跌趋势线上方窄幅震荡，成交量再一次萎缩，这是一个极好的加仓点，建仓后止损点设在ⅱ浪的最低点 16.26 元。

第三节　（1）浪与B浪的区别

说真的，一个大级别的（1）浪与B浪是很难区别的，很多人都死在这个B浪上。原因还是不懂得调整浪的形态结构。一个日线级别的五波上升，之后一定伴随一个三波下跌结构，这是典型的5-3结构形态。日线级别的上升5浪与下跌3浪又升级为一个大级别的（1）浪和（2）浪，（2）浪80%是锯齿形调整，内部结构特点是：A浪是五波下跌结构；反弹B浪是三波结构；C浪五波下跌结构。记住（2）浪（锯齿形调整）的内部结构很重要。很多人就是因为不懂B浪的内部结构，错将B浪看成（1）浪，而死在C浪上。实际交易中一定要注意以下三点：

首先，一个大级别五波上升结构完成后，接下来一个小级别五波下跌结构是大级别A浪，大级别B浪反弹在次级别上是具有交易价值的，但交易前你必须明确交易的是B浪反弹行情，反弹幅度大概是A浪的50%至61.8%，如果B浪反弹幅度连38.2%都没达到就跌破上升趋势线，那只能说明价格走得非常弱，之后的C浪可能跌得更深。

其次，即使你看到了大级别（2）浪下跌结构A5-B3-C5已经完成，你认为的（1）浪也可能转变成联合型调整的双锯齿形调整浪，说简单点就是无论是（1）浪还是B浪，参与交易时，只要价格跌破上升趋势线就应该立即离场，一是接下来的调整依然属于（2）浪调整，调整幅度深；二是接下来的调整，也就是所谓的（2）浪调整可能跌破前边最低点，演变成前期大级别调整浪的延续。

最后，（2）浪的时间最长不能超过（1）浪的两倍，如果（2）浪运行时间超过（1）浪的两倍，那么就绝对不是（2）浪，而是原始下跌趋势中的反弹B浪。如果发现（2）浪运行时间超过（1）浪的两倍，说明之前的数浪是错误的。

如图6-7所示，佳都科技2005年5月10日创出历史低点0.35元，之后走出五波驱动浪行情，于2015年6月5日创出高点24.47元，用时10年。24.47元就是大级别（2）浪调整的原始起点。依据同级别推调浪比例，调整幅度应该是大一浪的 61.8%～80%，下面我们就分析一下这个调整走势。

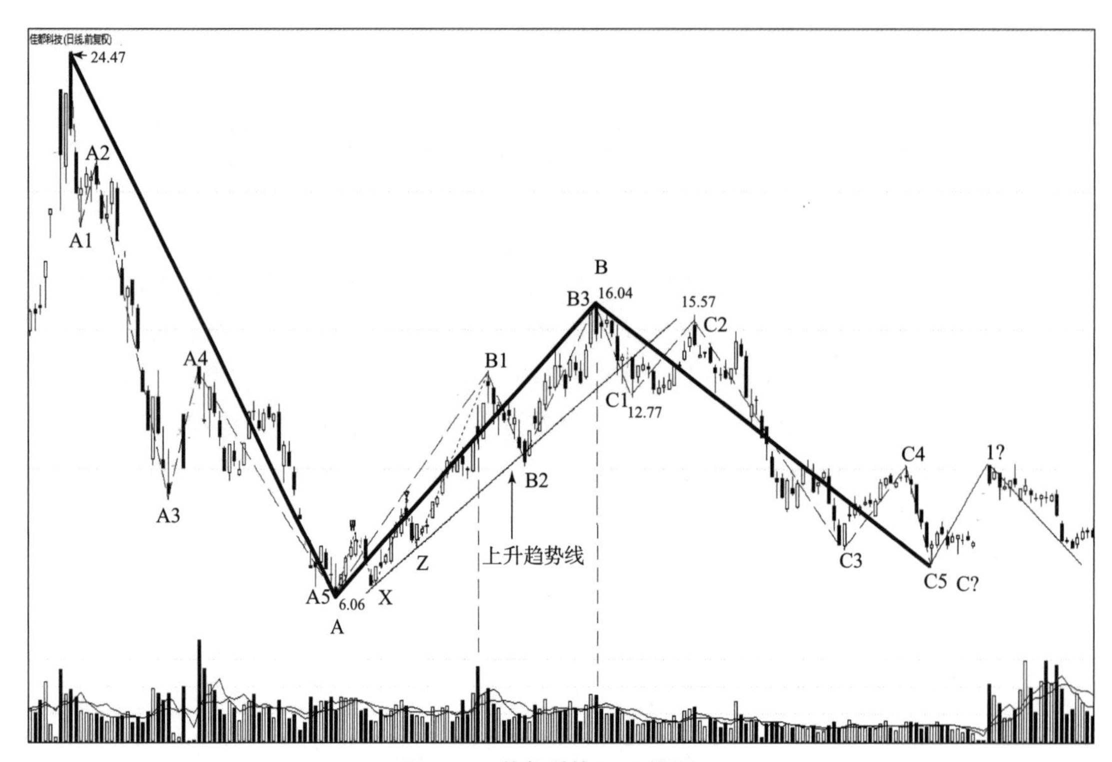

图 6－7　佳都科技日 K 线图一

价格从 24.47 元起，经过五波下跌创出了 6.06 元低点，（2）浪调整了 76.23%，从空间上看已经基本到位，从 6.06 元起，反弹价格突破 W 高点，回头确认 Z 点形成 WZ 结构，第 2 天和第 3 天就是一个确定性的买点。但一定要清楚交易的是 B 浪反弹行情，反弹幅度大致是 A 浪的 50%～61.8%，目标价位大致是 15.26～17.44 元。实际反弹最高点 16.04 元，之后跌破上升趋势线，回头确认时就是离场的最佳时机。

如图 6－8 所示，接下来这个问题是最主要的，B 浪终结后 C 浪是一个五波下跌结构，当 C 浪走到最后一浪 C5 点时反弹整理几天，突然连续出现两个一字板涨停，给人们的感觉就是行情来了。当时我就判断这是（1）浪中的 W 点，X 点回调没有破前低点 C5，反弹至下降趋势线遇阻回调，回调幅度很小，随后价格上涨没有突破 W 高点，回调没有破坏结构我也就没动，Z 点完成后，WZ 结构形成买点出现。我认为时机成熟，分三次建立了 3 成仓位。建仓后价格第 3 次上攻，但未能突破 WZ 结构高点的连线。分析有些不对劲，仔细琢磨一下，如果 W 点是 1 浪，X 点是 2 浪，当

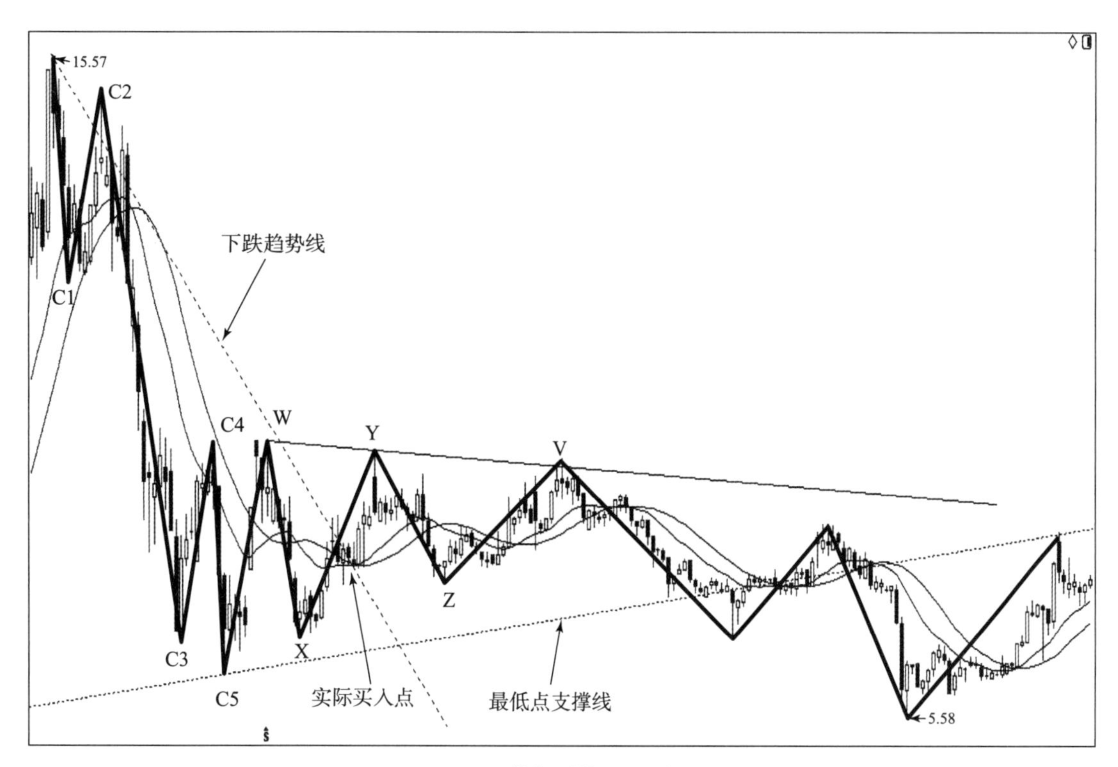

图6-8 佳都科技日K线图二

价格从V点起调整跌破X点时，2浪调整发生延续。2浪的调整时间超过1浪的两倍，之前判断出现变化，这里根本不是1浪和2浪，是大C浪中的C6浪反弹。

如图6-9所示，调整浪尤其是C浪在没有完成之前，是很难辨别出是1浪还是B浪的，就拿佳都科技来说，当价格走到c8点，我又将这波反弹行情当成1浪，后来当调整浪c9跌破前低点，我才知道自己又判断错了。直到价格从最低点5.48元走出的这波行情，我才看清楚佳都科技的C浪调整是一个双锯齿形结构调整。而自5.48元走出的这波行情才是反转行情的1浪。

投资佳都科技最主要是看中了它的基本面。公司主要从事计算机视觉、智能大数据等人工智能技术、产品与解决方案的研发及应用，专注于智能轨道交通、以公共安全为核心的智慧城市、服务与产品集成三大业务板块。

公司业务赢得了客户及业界专业人士的高度认可。2016年，公司被《安全与自动化》《中国公共安全》《轨道交通》等业内知名专业媒体评选为中国智慧城市推荐品牌、中国安防十大品牌、中国安防百强企业、中国百大集成商、中国轨道交通最具创新力50强，行业市场地位及公司形象不

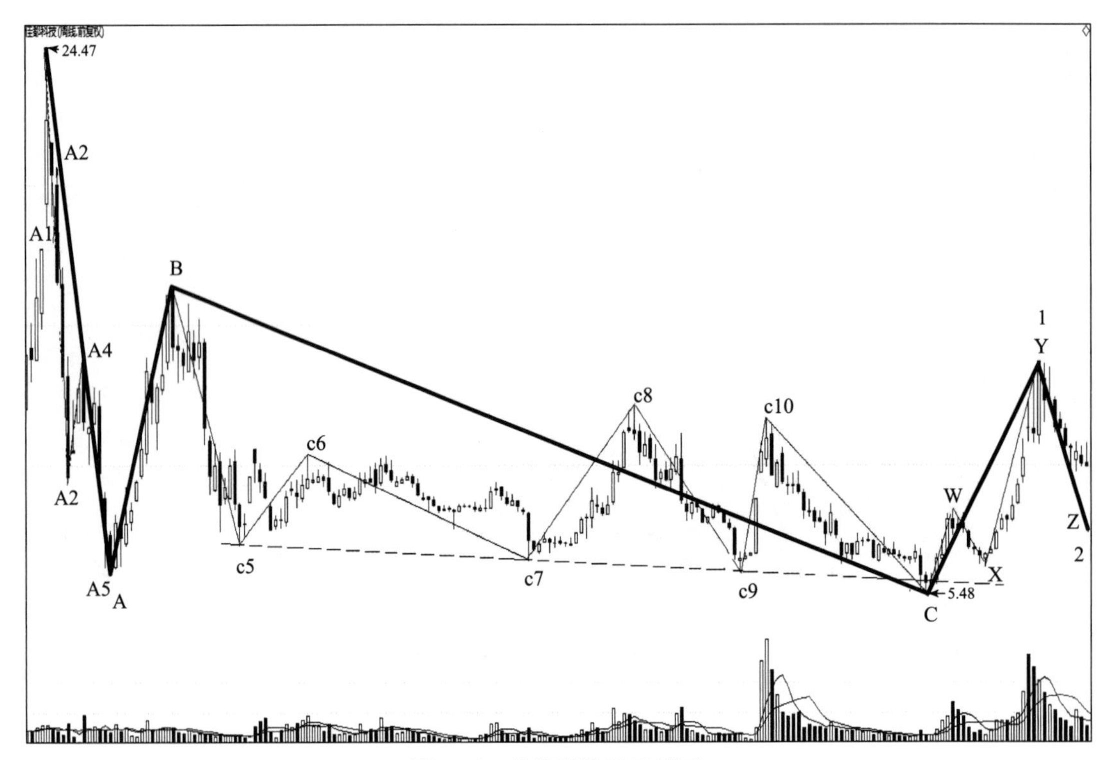

图 6－9　佳都科技周 K 线图

断提升。与此同时，公司在智慧城市及智能轨道交通领域持续创新，自主研发的“面向公共安全的视频大数据智能分析关键技术及应用”获评广东省科学技术奖励二等奖，产品和解决方案获得中国安防协会颁发的“平安建设”推荐优秀行业解决方案供应商、安博会创新产品奖、《轨道交通》杂志社颁发的中国轨道交通创新产品奖等奖项，在引领行业技术产品升级及专业领域的品牌影响力方面得到持续加强。

基于基本面的投资，投资逻辑相对就简单多了。2016 年初市场经过大跌，无论是大市还是个股都处于底部整理阶段。因此，在操作上降低操作级别，以 30 分钟或 5 分钟级别短线操作为主，采用逢低买进，逢高卖出，多批次建仓操作。只要价格跌破 30 分钟或 5 分钟上升趋势线就卖出一半仓位，之后等待价格回到低点、支撑线附近再买回，且每次都要比上次多买一些，逐步增大仓位。这是适应市场低位震荡阶段最好的操作策略。

到了 2017 年 4 月，佳都科技跌破前低点 7.13 元，最低 6.58 元，在 7 元上下震荡，这时市场人气得到恢复，指数呈现缓慢上升趋势，我再一次采用逢低买入策略在 7 元以下完成建仓，获得了 70% 以上的收益。2018 年 2 月和 10 月佳都科技又出现两次跌破前低点，而且这两次 c9、C 低点都在前两次 c5、c7 低点的连线上，见图 6－9。

做股票投资最重要的是必须深入研究个股的基本面，技术分析是在基本面的基础上展开的。价格处于底部震荡整理阶段，很难分辨哪一波行情是反弹浪，哪一波行情是反转行情中的 1 浪，此时在操作上如果一味按照技术突破建仓，很可能就是建在一个短期高点上。降低操作级别逢低建仓，以短线 30 分钟级别趋势操作为主，就是适应市场低位震荡阶段最好的操作策略。适应市场才是最重要的。

第四节　如何操作3浪

在波浪理论中，3浪是最明快的一浪，也是挣钱最快的一浪，凡是交易者都想寻求3浪的最佳买点。3浪是三波驱动浪中唯一一个肯定是推动浪结构的一波行情，3浪的形态结构特点是肯定遵守三大铁律，否则就不是3浪。3浪的上涨目标有三个：正常情况下3浪的上涨目标是1浪的1.618倍；个股走的强3浪延长上涨目标是1浪的2.618倍；个股走得比较弱3浪延长上涨目标是一浪的1~1.382倍。这些都不是绝对的，仅是一个重要的参考点，最重要的是趋势，价格只要不破坏趋势，也可能走出7浪9浪。

一、实例：梦网科技实战走势分析

如图6-10所示，梦网科技的原始起点是2018年10月6.80元，到2019年11月24.26元完成一浪，2021年1月完成二浪调整低点12.99元，也是第三浪的起点，2月份完成（1）走势高点18.10元，5月份完成（2）低点13.27元，13.27元是（3）的起点。为了展示（3）浪的实战操作，我们把图6-10中虚线方框中的月K线用120分钟K线展开，如图6-11所示。

第1步，通过从6.80元原始起点划分找到（2）低点，明确了下一波行情是（3）浪性质。第2步是最主要的问题，如何寻找最佳介入（3）的最佳良机？步骤如下：

首先，通过理论计算一下（2）浪的大致调整范围是14.94~14.01元。

其次，当价格邻近理论计算调整区域后，注意观察价格与成交量、MACD之间的关系。

最后，当价格出现反弹，注意反弹力度及回调点位，将观察窗口移到30分钟级别，在价格回调中寻找（3）浪最佳介入点，实际中最具确定性介入点应该是3浪中的ii浪附近。

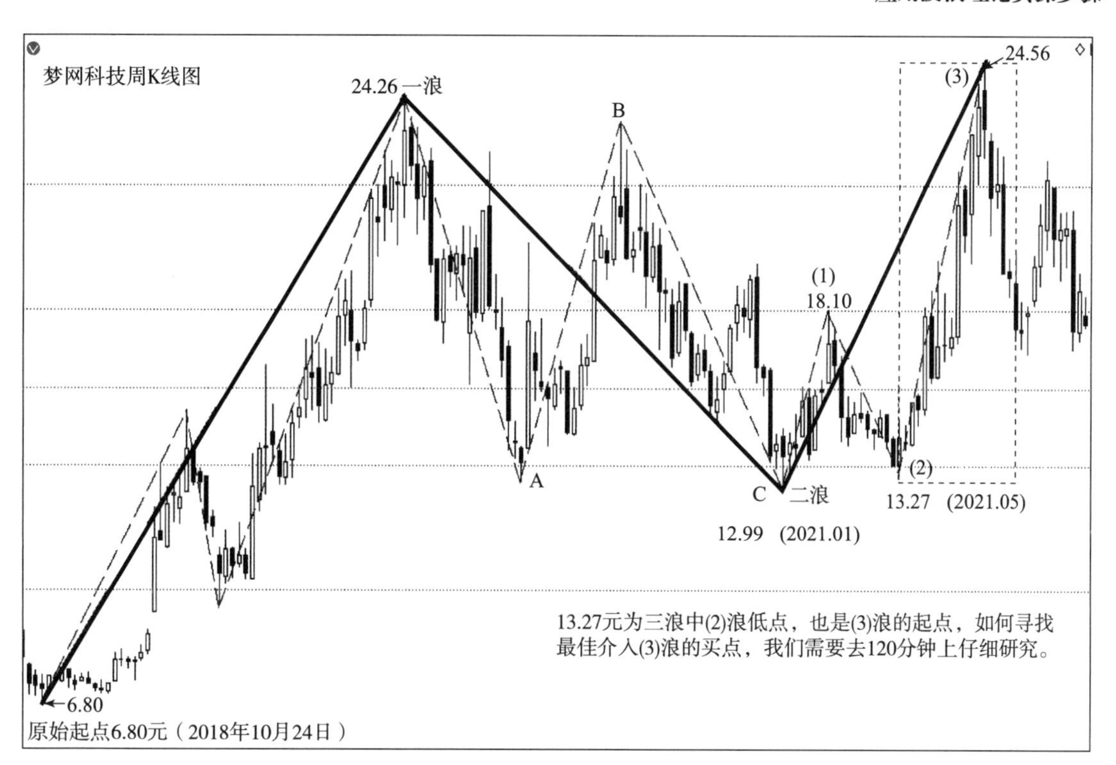

图 6－10　梦网科技周 K 线图

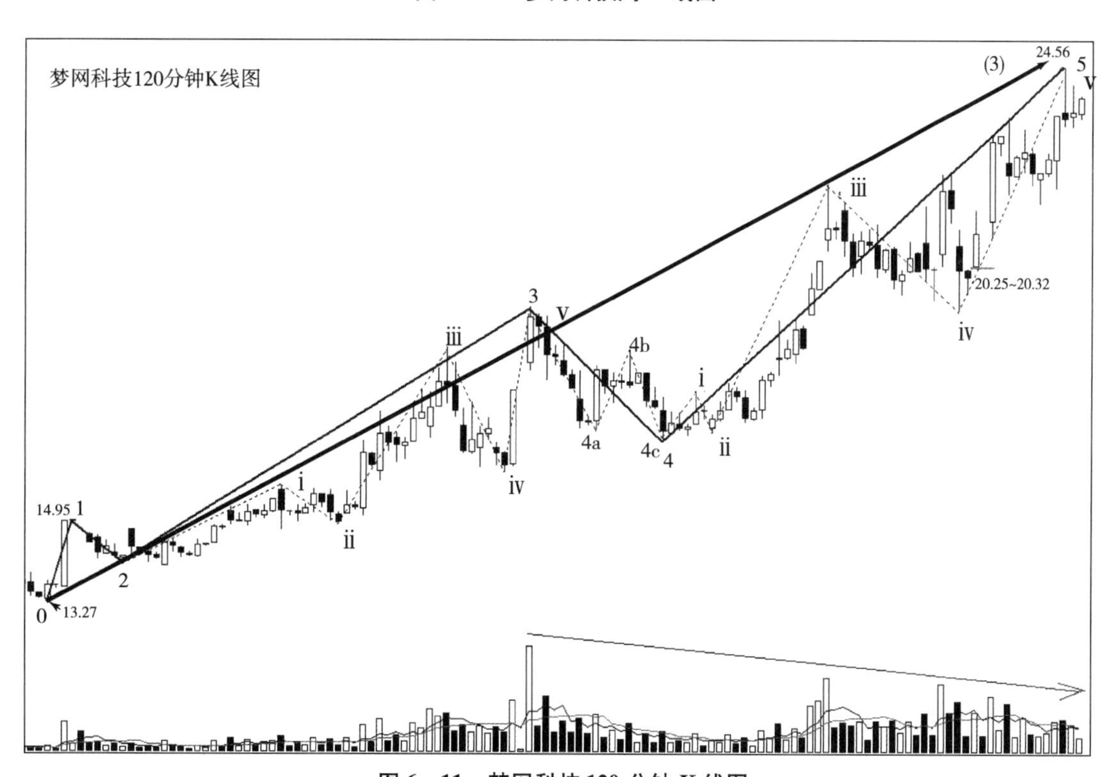

图 6－11　梦网科技 120 分钟 K 线图

在实际走势中，如图 6－11，当 2021 年 5 月 12 日股价放量涨停就确定了 13.27 元是（2）的终结点。一根长阳收复前方一周的下跌空间，之后的回调就是寻找最佳买点的时机。经过 3 日回调价格在前期平台下沿止跌，算下回调幅度在 50% 左右，强势回调特征明显。5 月 21 日成交量再次萎缩到启动前的地量水平，地量地价是最好的买入。我们上面说的 3 浪中的ⅱ浪附近是最具确定性介入点，价格二次上攻突破 1 浪高点，回头确认点 3 浪中的ⅱ浪低点是最具有确定性的加仓点。

梦网科技（3）浪不仅内部 1、2、3、4、5 浪走势遵守推动浪的三大铁律，其中 3 浪内部ⅰ、ⅱ、ⅲ、ⅳ、ⅴ浪走势也是遵守推动浪三大铁律的。再仔细观察一下，这个主力是专在 4 浪杀技术派，3 浪中的ⅳ浪跌破趋势线，没有跟 3 浪中的ⅰ浪重合，没有破坏日线级别趋势。5 浪中的ⅳ浪也跌破趋势线，也没有跟 5 浪中的ⅰ浪重合，没有破坏日线级别趋势。去日线看一下 1 浪的内部走势也同样是在 1 浪中ⅳ浪的杀技术派。所以，如果你不看大级别趋势，只看操作级别趋势是很容易被洗出去的。

二、为什么说波浪理论和初始波理论对股价有预测作用

这个道理是非常简单的，假定价格正在 3 浪中运行，3 浪的内部结构是五波上涨结构，是由 3 个推动浪和 2 个调整浪组成，同级别推动浪与调整浪之间有着相应的比例关系，推动浪与推动浪之间也有着相应的比例关系。依据这些比例关系及价格运动的结构形态就可推断出价格大概在什么位置结束。例如，价格已经运行到 3 浪中的ⅴ浪，如果出现调整，并跌破ⅴ浪的上升趋势线，你就应该意识到 3 浪终结，价格将进入调整阶段，随后的 b 浪反弹是你最佳离场机会。这就是波浪理论对价格走势的预测作用，只要找到正确的分析起点，之后就可以逐级推敲找到当下价格的终结点，波浪理论是从价格形态结构上预测价格的终结点区域的。而初始波理论是在价格空间结构上预测价格目标。在初始波理论中，最基本的上涨目标是 61.8% 位置，突破 61.8% 下一个目标位是 100%～161.8% 位置，价格成长的最终目标一般在 261.8%～423.6% 区域。

如图 6－11 所示，梦网科技（3）的走势也同样遵循这一规律，下面我们计算一下。

初始波幅 = 14.95 － 13.27 = 1.68（元）

61.8% 位置 = 起始点 13.27 + 1.68 ÷ 0.236 × 0.618 = 17.67（元）

100% 位置 = 起始点 13.27 + 1.68 ÷ 0.236 × 1.000 = 20.38（元）

161.8% 位置 = 起始点 13.27 + 1.68 ÷ 0.236 × 1.618 = 24.77（元）

梦网科技实际走势中，3 浪最高点是 19.48 元，而 5 浪最高点是 24.56 元。对照一下理论计算目标可以说相差无几，你可能很难相信，但这是事实，是用数学公式计算出来的，是有理论逻辑依托的。80% 以上的股票都符合这一规律。

在股票走势分析中，波浪理论解决了价格形态结构问题，初始波理论解决的是价格空间结构问题。二者与道氏的趋势理论共同构成了完整的价格分析理论。

第五节　如何操作4浪B

经过3浪迅猛的上涨，价格进入4浪调整阶段。4浪的调整时间比较长，是3浪之后首次时间失衡，4浪的调整时间超过3浪中所有的调整时间。4浪的特征共有4条：

（1）一般情况下，4浪会调整至3浪上涨幅度的0.382~0.5倍处，或者是3浪中的ⅳ浪低点。如果3浪走出超级浪，4浪可能会调整至3浪上涨幅度的0.5~0.618倍处，但不会与1浪高点重叠。

（2）4浪的调整伴随MACD指标回零轴。

（3）4浪的调整时间自起点起首次失衡，调整时间超过前面任何一次调整，调整时间只跟自己内部结构有关。

（4）4浪经常出现平台形调整，内部结构是3-3-5结构。下面我们以阳光电源4浪B直接反转成5浪为例来仔细分析一下。

一、分析点的确定

如图6-12所示，阳光电源月K线图，原始起点是2012年11月1.30元，（1）浪高点是2015年6月28.85元，2018年10月完成（2）浪最低点4.90元，2021年2月完成（3）浪高点122.04元。122.04元高点也是我们要研究（4）浪的起点。

二、A浪调整目标范围的确定

2021年3月8日在东方财富股吧发表阳光电源分析帖，在价格破70.00元时建立了第1个仓位，第2天又以收盘价67.98元二次补仓。第3天价格开始反弹形成了下跌以来的第1个反弹浪。c浪调整目标是73.90~63元是

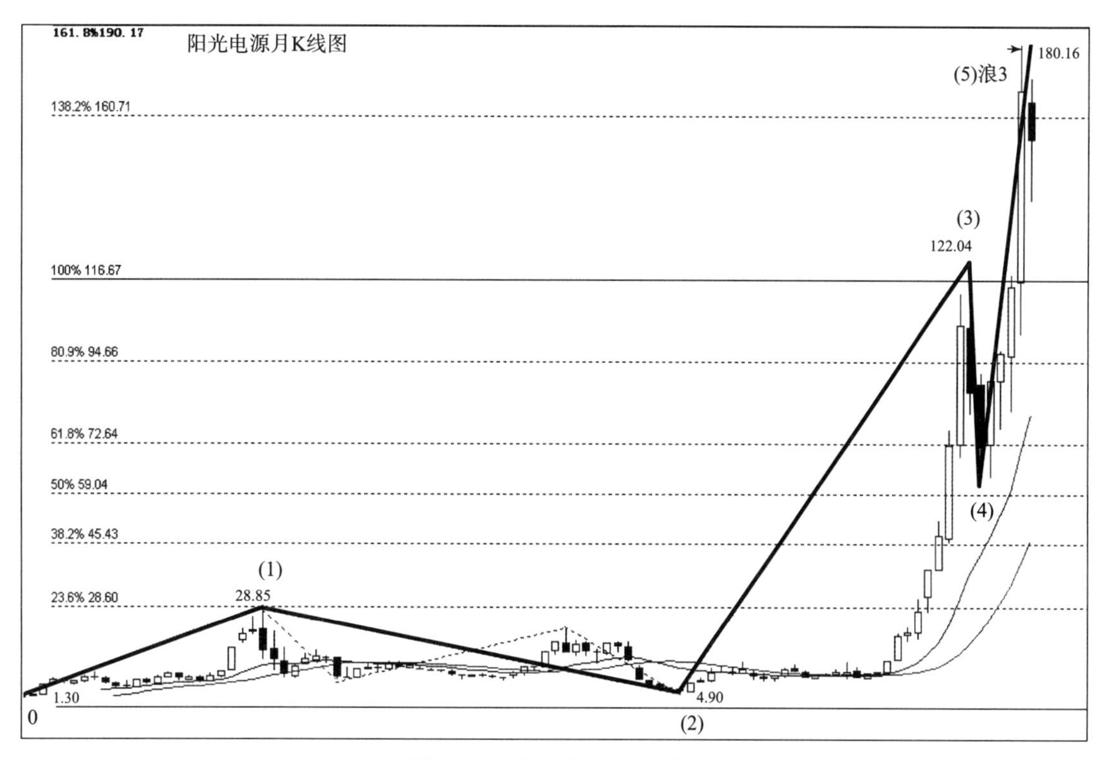

图 6－12　阳光电源月 K 线图

依据 60 分钟 b 浪计算出来的。

能准确抓住这个 a2 浪反弹行情绝对是由技术决定的。3 月 8 日 a 浪三波下跌结构已经完成，股价又到达 60 分钟 100% 调整目标位，形态与空间发生共振，形成短期底部概率极大（60 分钟级别下跌空间结构本节没有计算）。

三、（4）浪 B 起点的确定

如图 6－13 所示，阳光电源日 K 线图，分析起点是 4 浪起点，正常 3 浪与 4 浪同级别推调浪比例为 38.2%～50%，由于 3 浪上涨幅度已经接近 1 浪的 4 倍，走出了超级延长浪，所以，4 浪调整目标应大于 50%（68.47 元），下面从空间和趋势上分析判断一下 c 浪的终结点。

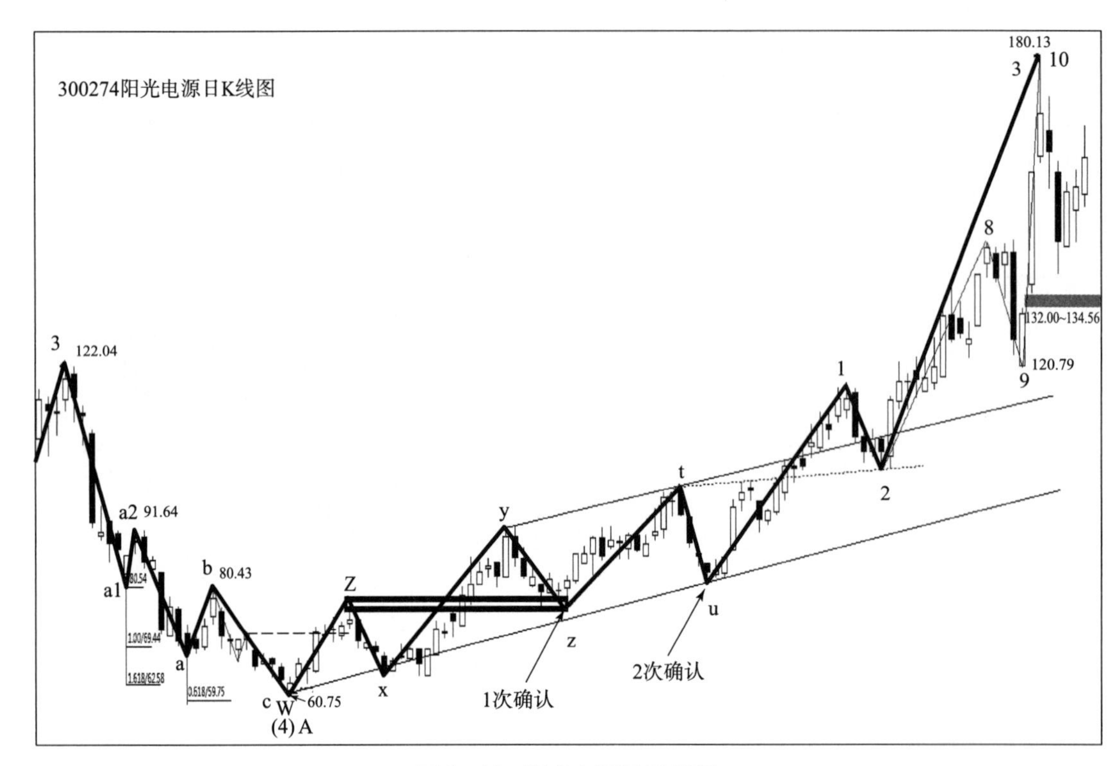

图 6－13 阳光电源日 K 线图

1. 应用初始波理论计算 c 浪下跌幅度

从形态结构上（4）浪 A 内部结构为 a、b、c 三波结构，我们再应用 a2 浪反弹幅度计算一下 c 浪的大致位置，正常的情况 c 浪下跌幅度是 a2 浪的 1.618 倍。

c 浪下跌幅度 = a1 －（a2 － a1）× 1.618 = 80.54 －（91.64 － 80.54）× 1.618 =62.58（元）

当 b 浪终结走出 c 浪，还可以再应用 b 浪反弹幅度计算一下 c 浪的大致位置（用 a2 浪和 b 浪两者反弹幅度来预判 c 浪的终结区域，有相互验证的作用），正常的情况 c 浪下跌幅度是 b 浪的 0.618～1.00 倍（由于 a 浪下跌幅度大于 50%，c 浪调整将出现衰竭）。

c 浪下跌幅度 = a －（b － a）× 0.618 = 67.65 －（80.43 － 67.65）× 0.618 = 59.75（元）

应用价格向下调整中的两个反弹浪计算出来的 c 浪的大致位置可以说相当接近，这不是巧合，实际最低点 60.76 元就在这一个区域内。

2. 应用多空分界法确定（4）浪（A）的终结点

阳光电源创出60.76元低点后开始反弹，3月30日放量大涨11%多，突破下跌趋势线，形成WZ结构，突破18日反弹高点，站在多空分界线上方。经几日整理继续上攻，4月6日达到最高点，到此我们可以判断60.76元低点就是（4）浪（A浪）的终结点。

（4）浪平台形调整，形态结构是A3－B3－C5，B浪3波反弹幅度正常情况下接近A浪起点。因此，当下是一个非常好的加仓、建仓区域。

四、（4）浪B直接反转成（5）浪3行情

WZ结构形成后，以60.76元为起点，W浪78.78元为终点的这波行情，构成第一小浪上涨行情。接下来就是找X浪的终结点区域建立仓位。方法、步骤都是一样的：计算一下W浪回调61.8%～80%区域是多少；观察X浪的调整形态结构是否完成；在二者共振点买入建仓；当X浪低点形成后，连接60.76元起始点与X浪低点形成基本上升通道线下轨，再通过W浪高点作下轨平行线形成上升通道上轨。通道上轨就是短线观察点，价格如果不能放量突破，并在30分钟级别上出现量价背离，那通道线上轨就是减仓点。反之突破站稳上轨，通道上轨就是加仓点。Y浪的基本目标是一浪的1.618倍，也计算一下作为参考减仓点，不再详细叙述。读者可自己动手算一下，提示一下，正常情况反弹趋势行情都在30分钟级别上操作。

以下讲的是重点，从X浪低点起共做了三波，最后清仓是在6月25日～30日。当时感到股价走得相当弱，没有达到预期目标，又有消息很快就要增发，综合分析判断价格横盘震荡概率大。结果是在2点附近卖出后，准备等待价格回到下轨买入计划落空，加上对后期走势又没有认真分析。致使踏空最后最大一段行情。事后分析，价格在2点附近突破上轨回头确认走势相当正常，而且非常符合技术分析特点。只是回探的不是我画的通道上轨，回探的是前面高点（见图6－13中1点和虚线），在高点附近窄幅震荡整理均属强势回调整理，均是最佳的买回来机会。最后一次机会就是价格快速回探2点时的机会，主力使用了强力洗盘动作，说真的即使在U点附近加仓，在这里也逃不出被洗掉的事实。

五、价格空间目标位与形态结构相结合是保持心态的基础

请看图 6－12 月线级别初始波（5）浪的最小目标位是 161.8% 位置 190.17 元，是用原始起点 1.30 元和月线级别 1 浪高点 28.85 元计算得出来的，计算公式如下：

$H = 1.30 + (28.85 - 1.30) \div 0.236 \times 1.618 = 190.18$（元）

如图 6－13 所示。用同样的方法，应用日线级别 W 浪幅度也可以计算出（5）浪的目标位：

$H = 60.76 + (78.78 - 60.76) \div 0.236 \times 1.618 = 184.30$（元）

应用两个级别，两个不同的起点计算出来的结果如此相近，这不是巧合，初始波理论揭秘了价格空间逻辑结构特征，不仅是股票，其他的像是石油、外汇、黄金及国债都遵循这一空间逻辑关系，而且比股票还要准确。

六、实例：康泰生物 4 浪的走势分析

我们再看一个例子，康泰生物（4）浪的走势分析。康泰生物原始起点是 2017 年 2 月 2.24 元，2018 年 7 月完成月线级别（1）浪高点 74.45 元，（2）浪低点 27.30 元，（3）浪终点 249.39 元，也是我们下面要分析的（4）浪起点。

如图 6－14 所示，首先，还是应用月线级别（3）浪、（4）浪同级别推调浪比例关系计算一下（4）浪调整的大致范围。（3）浪走出了延长浪，幅度是（1）浪的 3 倍多。所以，（4）浪调整应大于 50%，也就是说（4）浪调整低点应在 138.30 元下方。

2020 年 11 月 15 日价格最低 138.30 元，此时，我们用前波反弹浪计算一下价格向下调整的空间结构，反弹浪的等幅下跌 100% 位置是 114.61 元，61.8% 位置是 139.91 元。

价格创出 129.30 元新低后开始反弹，b1 浪突破下跌趋势线，突破前波反弹高点，可以判断 129.30 元是 a 浪的终结点。在回调后我们在 b2 点附近买入建仓。止损点设在前 129.30 元低点。（4）浪中 b 浪的反弹幅度最少是 a 浪的 80%，折腾了两个多月 2021 年 2 月 10 日才到达 61.8% 位置，可恨的是第 2 天放量大跌，只好在跌 7% 左右的时候，卖出 70% 出局观望，

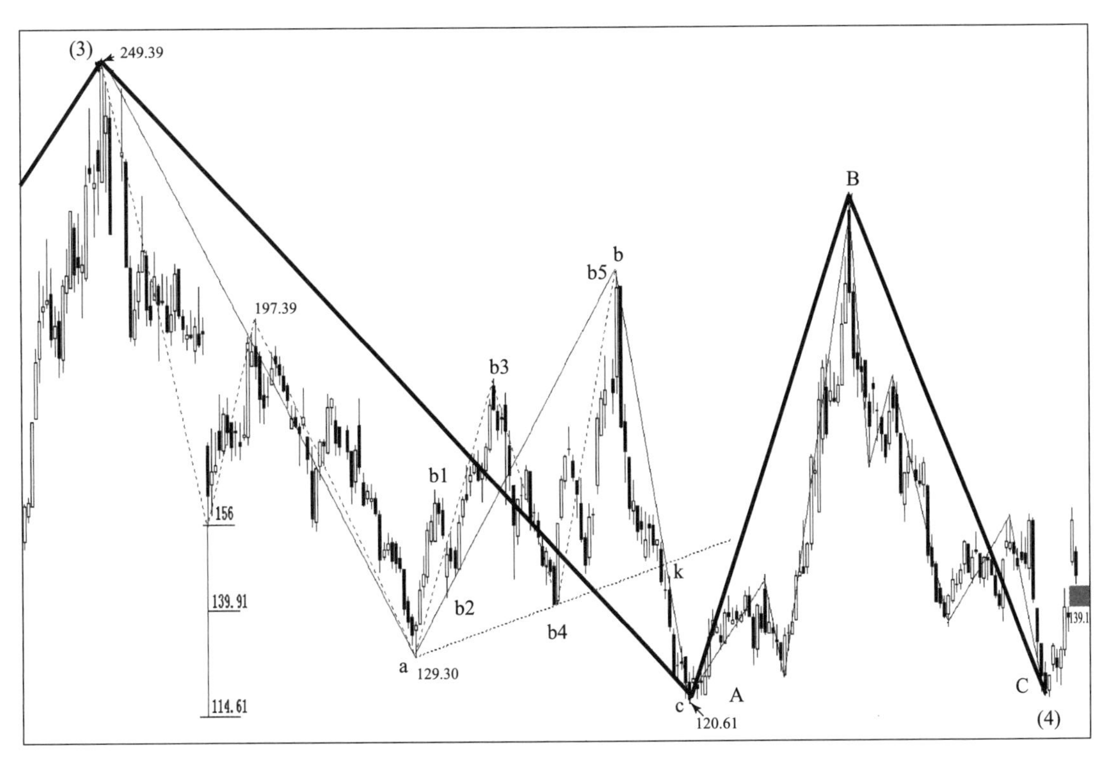

图 6-14　康泰生物 4 浪走势分析

此后连跌近一个月，在 120.61 元处止跌反弹。算一下调整幅度已经是月线级别（3）浪的 58%，又观察了几天，重新分析了一下才发现 120.61 元才是 A 浪的终结点，129.30 元只是 A 浪 a 的终结点。a 浪（之前认为是 A 浪）这个三波下跌调整结构的确很蒙人，期待中的 b 浪（之前认为是 B 浪）反弹途中夭折，在 k 点跌破 b 浪反弹趋势，向下又创出 120.64 元低点。abc 三浪演变成 A 浪的内部子浪，B 浪才刚刚起步，我们随后在 130 元左右第 2 次建仓，B 浪的走势简单直接，这符合 A、B 浪形态结构交替原则，A 浪复杂 B 浪简单直接。当价格反弹到 A 浪的 80% 位置时直接卖出 80% 的仓位，之后两天清仓离场待 C 浪结束。正常情况下 C 浪终结点会跌破下一个 A 浪终点，且 C 浪是五波下跌结构。依据这两条我们在 A 浪终点附近再次进入建仓，参与 5 浪上涨行情。

第六节　如何分析5浪失败与延长

一、5浪的失败

航天彩虹原始起点是2018年10月19日9.26元，2019年3月15日完成月线级别1浪高点15.83元，2浪低点9.70元，3浪终点31.39元，2020年9月28日完成4浪低点19.59元，如图6-15所示，我们下面要分析第5浪。

航天彩虹完成5浪ⅲ，在5浪ⅳ调整中，由于调整幅度突破5浪ⅳ调整极限，造成5浪失败。主要原因是3浪走出超级延长浪，1浪上涨幅度为6.57元，3浪上涨幅度为21.69元是1浪的3.3倍。

当3浪走出超级延长浪，一定要注意在5浪ⅲ出局，5浪ⅲ出现后，直接进入大级别调整的可能性极大。2021年1月11日价格跌破上升趋势线；跌破浪ⅲ浪④起点、跌破多空分界线发出卖出信号，是清仓的最佳良机；价格跌破ⅲ浪④终点，回头确认是最后的离场机会。3浪走出超级延长浪，5浪失败的可能性极大。

二、5浪的延长

5浪的延长可以分为以下几种情形。

（1）三个推动浪都走出5波上涨形态。

（2）三个推动浪中ⅲ浪走出推动浪结构。

（3）三个推动浪中ⅴ浪走出推动浪结构。

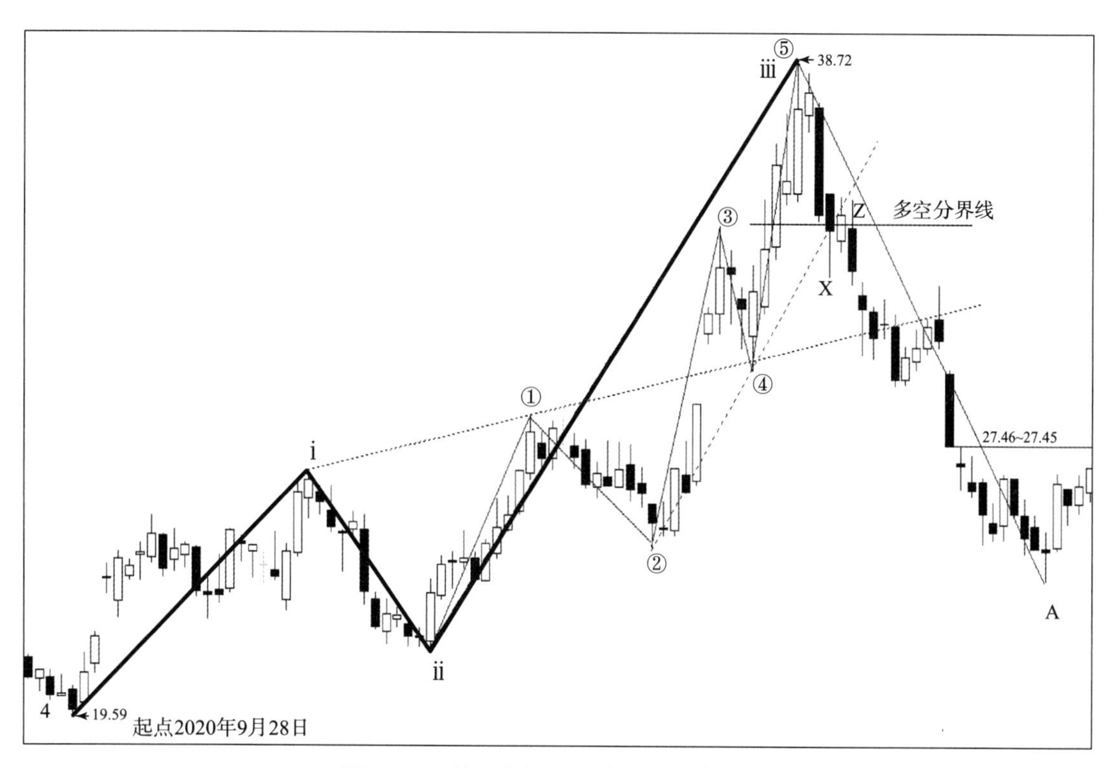

图6－15　航天彩虹日K线级别5浪走势图

1. 实例：赢合科技走势分析

如图6－16所示，赢合科技这波行情起点是2021年4月27日15.94元，2021年5月7日完成日线级别1浪高点17.80元，2浪低点16.06元，3浪终点22.39元，4浪低点18.60元，2021年7月23日完成5浪，终点28.48元，我们下面要分析的5浪。

赢合科技在完成5浪ⅴ后，5浪ⅵ跌破5浪上升趋势，正常分析上应该视为调整a浪，只是由于市场人气旺盛，后势反弹ⅶ浪（正常为调整b浪）突破前高进一步延续了5浪的上升空间，ⅸ浪也是一样。事实上，从ⅵ浪开始性质上就是调整浪，是一个菱形调整结构扩张的前半部分，之后会收缩完成菱形调整的后半部分。在30分钟级别上ⅰ浪至ⅴ浪内部结构是相当清晰的5波上涨结构，到ⅴ浪5浪已经延长。幅度超过3浪，后续的调整创出新高是因为是市场人气过旺，主力资金借机拉高所致，正常操作上，当ⅵ浪（正常为调整a浪）跌破5浪上升趋势，ⅶ浪（正常为调整b浪）反弹开始。就去30分钟K线上观察，一旦ⅶ浪结束，出现回调并跌破30分钟上升趋势线，不用纠结立即出局观望。

图 6－16　赢合科技日 K 线图

2. 实例：长春高新走势分析

如图 6－17 所示，在长春高新季度 K 线上，2005 年三季度低点 3. 08 元是长春高新的原始起点。季线级别（1）浪终点 10. 89 元，（2）浪终点 3. 92 元，（3）浪终点 29. 73 元，（4）浪终点 13. 45 元。（5）浪终点 72. 49 元。五波上涨的基本结构是：（2）浪回调 89%；（3）浪延长是（1）浪的 3. 42 倍；（4）浪回调 63%；（5）浪更是走出超级延长浪。下面我们在周 K 线上分析一下第（5）浪的内部结构。

如图 6－18 所示，首先，计算一下初始波空间结构；然后，计算一下同级别推调浪比例以及推动浪与推动浪之间的比例；最后，依据计算结果判断价格运行的空间结构和形态结构是否完美，完美或绝对完美是我参与后市交易的依据。下面就以长春高新周线级别五浪走势分析说明一下什么叫完美。

（1）初始波空间结构与波浪理论形态结构的完美和谐。

这波（5）浪行情起点是 2012 年 1 月 20 日 13. 45 元，3 月 23 日第一小浪终点 16. 66 元，出现一波破坏短期趋势的调整，待调整结束后。二波结

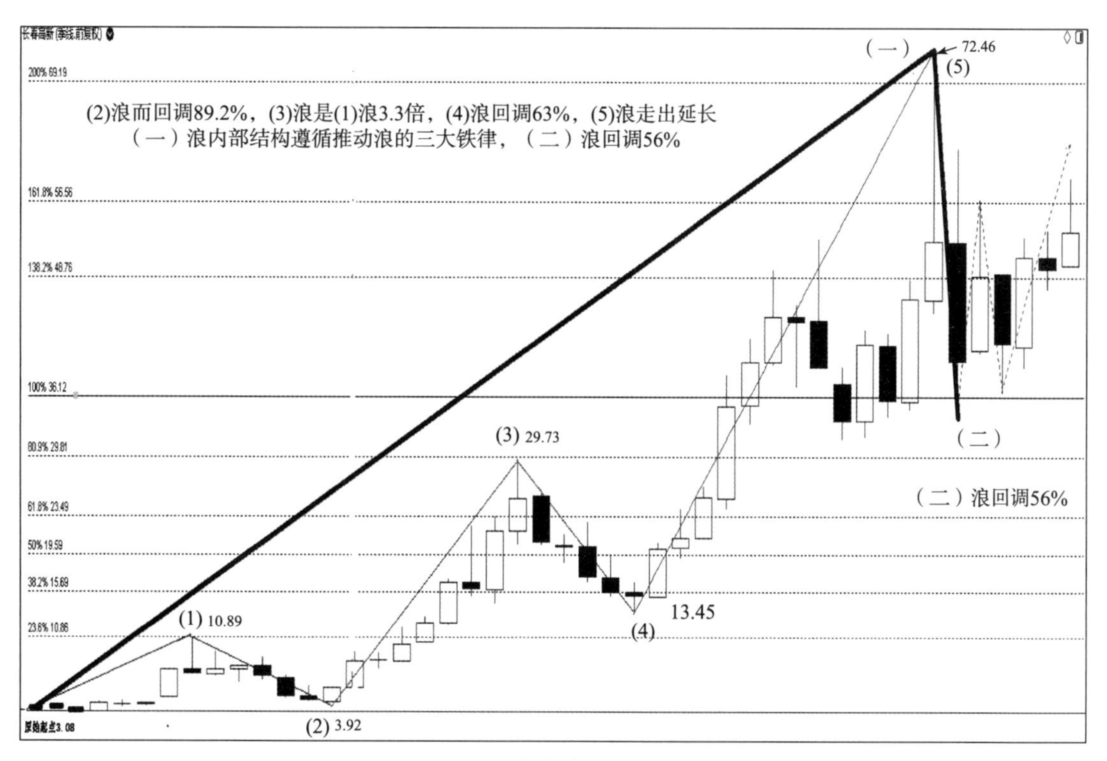

图6－17　长春高新季K线图

构构成了WZ结构，WZ结构是价格反转后第一个完整多空循环结构，经过多年的研究发现WZ结构具有很重要的分析意义。应用WZ结构的初始波幅就可计算出价格未来上涨的空间结构，当价格到达这个空间结构中某一个重要位置时，又恰好是波浪理论中某一个形态结构的终结区域，空间结构与形态结构发生共振，再结合趋势和成交量、MACD指标就可判断价格走势是否发生反转。

初始波幅 $l = 16.66 - 13.45 = 3.21$（元）

初始波100%位置波幅 $= 3.21 \div 0.236 = 13.60$（元）（0.236波幅系数）

初始波未来空间计算公式 $H(n) =$ 起始点价格 $+$ 100%位置波幅 $\times 1.618^n$

$H(1) = 13.45 + 13.60 \times 1 = 27.05$（元）

$H(2) = 13.45 + 13.60 \times 1.618^2 = 49.05$（元）

$H(3) = 13.45 + 13.60 \times 1.618^3 = 71.06$（元）

还有个重要位就是61.8%位置 $= 13.45 + 13.60 \times 0.618 = 21.85$（元）

当3浪内部结构以完美的五波推动浪形态在49.62元高点完成，恰好与初始波 $H(2)$ 理论目标位49.05元发生和谐共振，价格出现调整跌破趋势线，确立3浪在49.62元高点终结。这就是空间与形态的绝对完美和谐共振。5 浪也是，价格运行到 $H(3)$ 理论目标 71.06 元，5 浪中的 v 浪刚好完成，空间与形态发生和谐共振，72.46 元成为 5 浪的实际终结点。

（2）波浪理论推动浪与调整浪的完美和谐。

如图 6－18 所示，2012 年 8 月 24 日完成 1 浪高点 24.46 元，2 浪回调低点 19.96 元，2013 年 8 月 16 日完成 3 浪高点 49.62 元，4 浪回调低点 31.65 元。2015 年 6 月 5 日完成 5 浪中的 v 浪 72.49 元。5 波上涨的基本结构是：2 浪回调 40.78%；3 浪延长是 1 浪的 2.694 倍；4 浪回调 60.58%；5 浪更是走出超级延长浪。

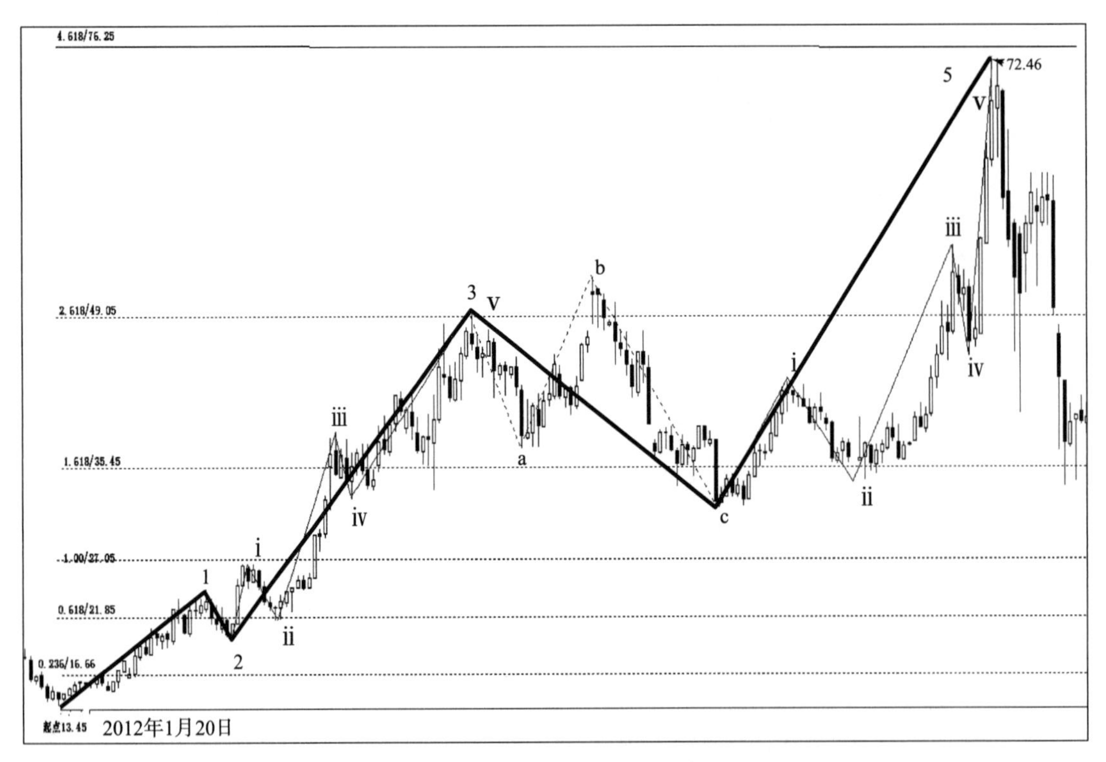

图 6－18　长春高新周 K 线图

将计算结果与波浪理论同级别推调比进行对比，可以发现 2 浪回调远低于正常回调幅度，强势特征明显。3 浪延长内部结构清晰完美，是标准的 5 波推动浪，进一步体现价格走势的强势特征。4 浪调整 60.58% 恰好与 2 浪在调整幅度上实现完美交替，4 浪的内部结构属于扩展平台形调整结构。扩展平台形调整走势的最大特点是穿头破脚！反弹 B 浪冲过调整 A 浪的起点创出新高（穿头），之后的 C 浪又跌破 A 浪的终点（破脚）。这种走势说明原趋势上涨意愿非常强，主力利用这种形态在上涨途中进行强势洗盘行为。分析到这里 5 浪走出超级延长浪就是合情合理顺势而为。

如图 6－19 所示，季线级别（三）浪的内部子浪结构，起点是 2015 年 9 月（二）浪终点 33.58 元。（三）浪（1）高点也是初始波高点是 2015 年 12 月 56.89 元，（三）浪（2）低点 37.00 元，2018 年 7 月完成（三）浪（3）高点 127.20 元，（三）浪（4）低点 73.39 元。2020 年 4 月完成（三）浪（5）512.25 元。

图 6－19　长春高新月 K 线图

分析方法都是一样的，特别之处就是（三）浪（5）子浪走得更猛，用常规的波浪理论去分析找不到头和尾，在这种情况下，使用初始波空间结构与价格运行趋势作为分析、判断趋势终结更可靠。也就是说当价格到达某一个位置，发生震荡调整并跌破 30 分钟级别或日线级别趋势线，而这个位置恰好是初始波理论上涨目标位，价格趋势与空间二者发生共振，结合成交量等指标就可在反弹中逢高出局。例如，长春高新月线级别（三）浪（5）出现调整的价位恰好与初始波理论目标 461.8% 位置 489.70 元重合，目标价格与趋势发生共振，引发大级别调整。详细计算请读者按起始日期及行情的实际数据，自己动手算一算，更能体会其中之奥妙。

第七节　B 浪是逃命浪

如图 6－20 所示，航天彩虹原始起点是 2013 年 6 月 25 日最低点 5.00 元，1、2 浪走势正常，3 浪上涨不足 1 浪的 1.382 倍，4 浪回调与 1 浪重合，是典型的驱动浪走势。从理论上讲，当 3 浪上涨是 1 浪的 1.382 倍时，5 浪应该等于 1 浪。这里 5 浪不仅大于 1 浪，而且进入快速拉升，在这种情况下，在操作上我们就应该顺应趋势，按照道氏理论叙述的只要高点和对应回调的低点在不断抬高上升趋势就将延续，有技术分析能力的在上升通道内逢高减仓，逢低补回；没能力或没时间持股等待价格发出卖出信号。下面重点讲一下这个信号。

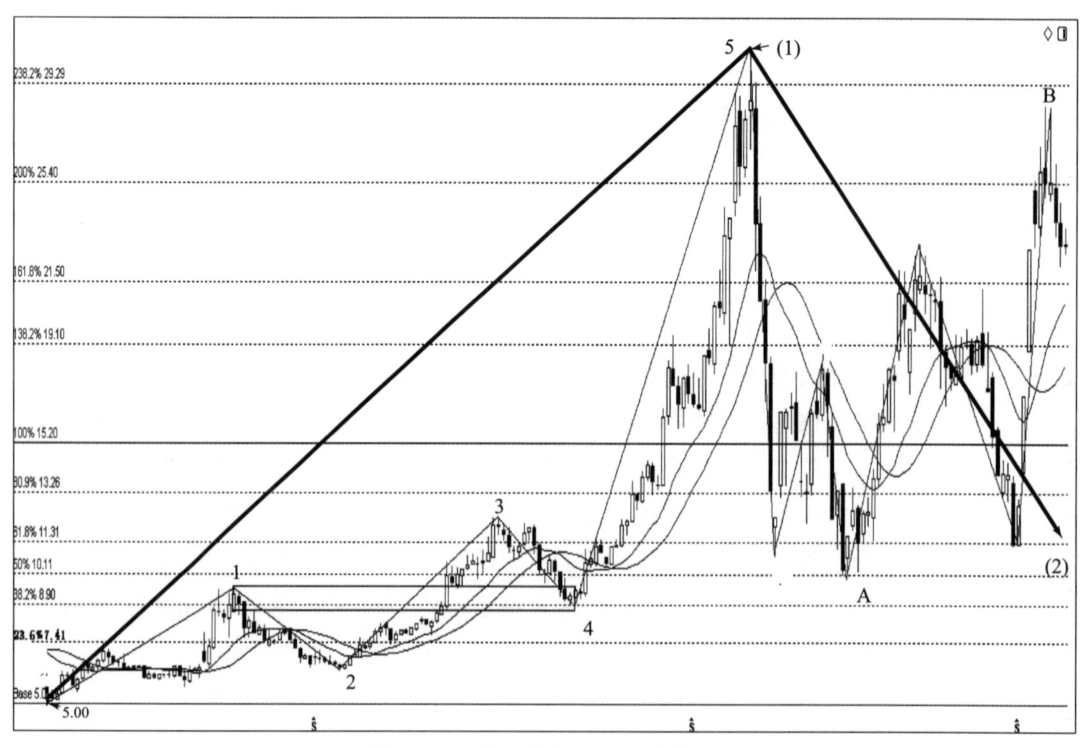

图 6－20　航天彩虹 2 日 K 线图一

2015年6月19日航天彩虹向下调整跌破之前一波调整低点24.86元，同时也跌破前边两波调整低点连线构成的趋势支撑线，出现“双突破”卖出信号，这也是我们前面讲的多空分界法。接下来两天回头确认产生的小b浪就是最佳的逃命机会，一旦错过，随着股价的下跌将始终处于纠结之中，注意！小b浪就是下跌过程中的第一波反弹浪，需要在30分钟级别上观察，可以清楚地观察小b浪反弹力度，反弹力度越弱说明后市下跌空间越大，更应尽快出局。

通过前面章节的讲解，相信读者也大致知道经过五波上涨之后，接下来应该是三波调整，调整幅度是（1）浪的61.8%~80%。在实际操作中，一旦被套总会幻想明天会反弹甚至反转，这种自欺欺人的幻想也属正常，安慰自己一下心里能舒服些，这就是市场中的非理性。

（1）浪从起点5.00元涨到高点30.73元涨幅25.73元，（2）浪回调61.8%位置是14.83元，80%位的位置是10.15元。实际a1浪直接调到10.77元才出现a2反弹浪，最终A浪的终结点是10.04元。如果你一直拿到10.04元，你就可能在接下来的反弹初期a2终点附近卖掉，这都是心理需求。如果你懂得技术，当价格到达10.04元后连续出现两个涨停板，之后的回调就是你买入建仓时机，而这个B浪反弹目标，理论上大致是A浪的50%~61.8%，也就是20.38~22.82元，看一下2015年11月10日b1浪最高点为23.04元。这个位置才是深套者逃命机会。有人可能说不卖后边涨的比这更高，我告诉你那不是技术分析所能把握的，在市场中挣钱挣的是你对市场的认知。

航天彩虹的（2）浪调整一直到B浪全部完成，才看明白，是3-3-5平台形调整结构，平台形调整结构在（2）浪中是非常少见的，这也是我第一次看到。当时将b1当成B浪，将b2当C浪，C浪应是5波下跌结构。所以，有时候只有结构全部完成，才能看清楚是什么结构，有一条看不清楚，看不明白就不做，这一条肯定是对的。

第八节　一致性和谐共振的重要性

首先要明确以下几个概念：①一致性就是趋势、空间、形态结构以及时间在某一个狭小区域都出现买进或卖出信号，也就是说在一个狭小区域内技术分析的三大要素分析结果是一致的；②和谐是指5－3形态结构和谐完美，5波上涨目标与初始波理论目标和谐统一；③共振就是指空间、形态、趋势及时间之间两个因子或者三个达到一致性。

本节内容相当重要，它是对价格走势在分析理念上建立一个完整的分析逻辑和分析思想。有了这个分析思维逻辑，你就能很快掌握技术分析的真谛。而且我讲的空间、形态分析是依据计算结果得出来的，是用数学来判断价格走势是否正常、是否健康，可以说是科学的分析。

一、价格空间与形态共振

如图6－18所示，当价格到达初始波目标价位，恰好形态结构也完成5浪上升结构，价格空间与形态结构二者达到一致性和谐共振。

在上升结构中，理论上1浪的目标是初始波61.8%～80.09%位置；3浪的目标是初始波161.8%～200%位置；5浪的目标是初始波261.8%～423.6%位置。

理论上长春高新1浪的目标是初始波61.8%～80.09%位置21.85元～24.45元；3浪的目标是初始波1.618^2理论目标位49.05元；5浪的目标是初始波1.618^3理论目标位71.06元。

实际中，2012年8月24日完成1浪高点24.46元，仅仅差一分钱；3浪高点49.62元，当3浪内部结构以完美的5波推动浪形态在高点49.62元完成，恰好与初始波$H(2)$理论目标位发生和谐共振；5浪同样是价格运行到$H(3)$，5浪v刚好完成二者发生一致性和谐共振，72.16元成为5浪的终结点。

在调整结构中，当价格到达同级别推调浪比例位置，恰好形态结构也完成三波调整，价格空间与形态结构二者达到一致性和谐共振。如图 6－20 所示，航天彩虹从起点 5.00 元涨到高点 30.73 元涨幅 25.73 元，5 波上涨结构完成升级为（1）浪，理论上（2）浪回调位置是 61.8%～80%，也就是 14.83 元～10.15 元。实际 A 浪内部完成三波调整的终结点是 10.04 元。

二、价格空间与趋势共振

价格进入快速拉升阶段，回调幅度非常小甚至有时在日线上都看不出低点，更不用说数浪。在这种情况下，就要到小级别上去观察，我习惯在 30 分钟上观察，另外就是应用初始波理论计算出价格空间结构。当价格到达初始波某一个理论目标价位，跌破 30 分钟级别上升趋势线，趋势发生变化，出现“双突”卖出信号，则是价格与趋势在这个目标位发生共振，应及时出局。现在以航天彩虹 5 浪ⅲ的内部子浪走势讲解一下（5 浪ⅲ见图 6－15）。

航天彩虹这波行情起点是 2018 年 10 月 19 日 9.26 元，2019 年 3 月 15 日完成月线级别 1 浪高点 15.83 元，初始波 100% 理论目标位是 37.10 元。

如图 6－21 所示，实际价格最高到达 38.72 元，第 2 天震荡一天，第 3 天放量下跌最低跌停，收盘跌幅 9.41%，第 4 天价格跌破③浪高点，跌破由②浪和④浪最低点连线形成的上升趋势支撑线，发出“双突”卖出信号，回头确认产生的 a2 浪就是最佳的出局机会。

价格到达 38.72 元后，从空间上讲到达了初始波 100% 理论目标位，形态上 5 浪中的ⅲ浪内部子浪完成了 5 波上涨结构，空间与形态在一个狭窄的区域内形成一致性共振，从而引发 2021 年 1 月 8 日放量大跌，大跌破坏了 5 浪中的ⅲ浪上升趋势支撑线，至此趋势、空间及形态三者在一个狭窄的区域内形成一致性共振，将引发更大级别的调整。

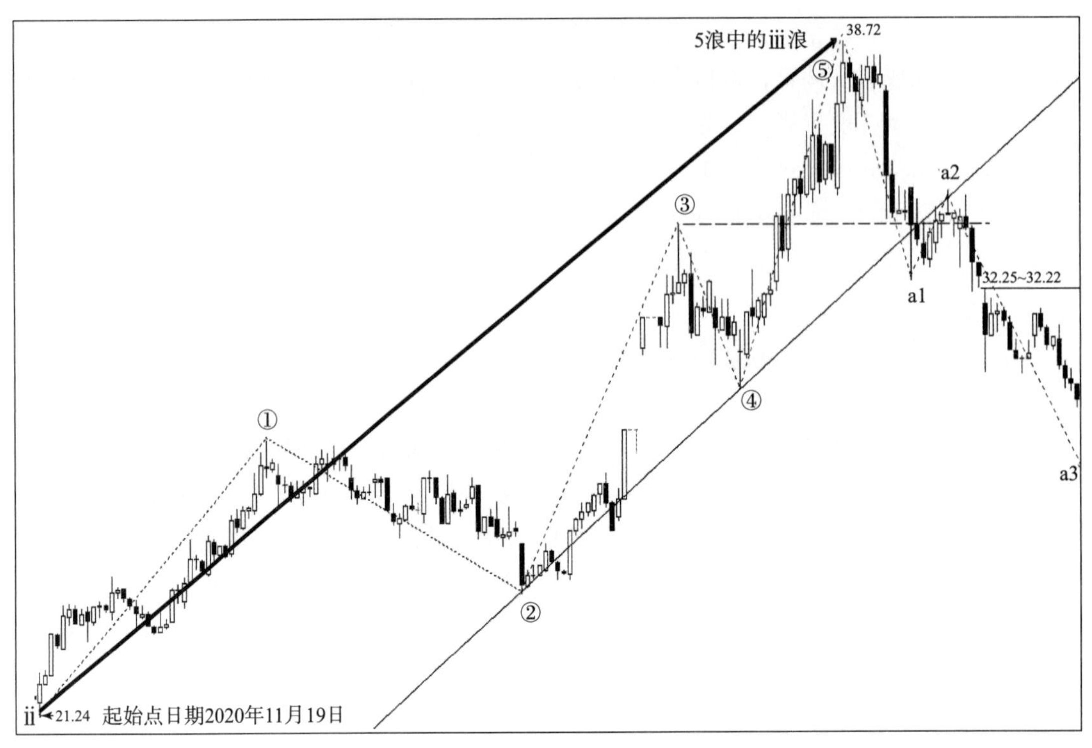

图 6－21　航天彩虹 60 分钟 K 线图

三、价格与价格共振

大级别调整目标位与子浪内部调整目标在一个狭小区域内达到一致性共振。

例如，金龙鱼原始起点是 2020 年 5 月 15 日最低点 39.51 元，经 5 波上涨最高为 145.62 元完成 1 浪。下面分析 2 浪的调整位置。理论上讲 2 浪调整将是 1 浪的 61.8%～80%，经计算为 80.04～60.73 元。

如图 6－22 所示，当价格完成 b 浪后向下调整并跌破 b 浪起点，我们应用调整 2 浪的内部结构 b 浪反弹幅度计算一下 2 浪的调整位置。a 浪终点是 111.48 元，b 浪终点是 142.77 元，b 浪反弹幅度 31.29 元。经计算由 a 浪终点起向下 100% 位置 80.19 元，向下 161.8% 位置为 60.85 元。

上面我们应用两种方法计算 2 浪的调整位置，其结果都在 61 元左右，当价格运动到 61 元左右时发生共振反转的可能性非常大。2021 年 7 月 28 日最低点为 66.50 元，从 c 浪的形态结构上看还没有走完，当 c 浪向下跌破前低点 66.50 元完成 5 波下跌结构，很可能会在 61 元左右发生共振形成反转。

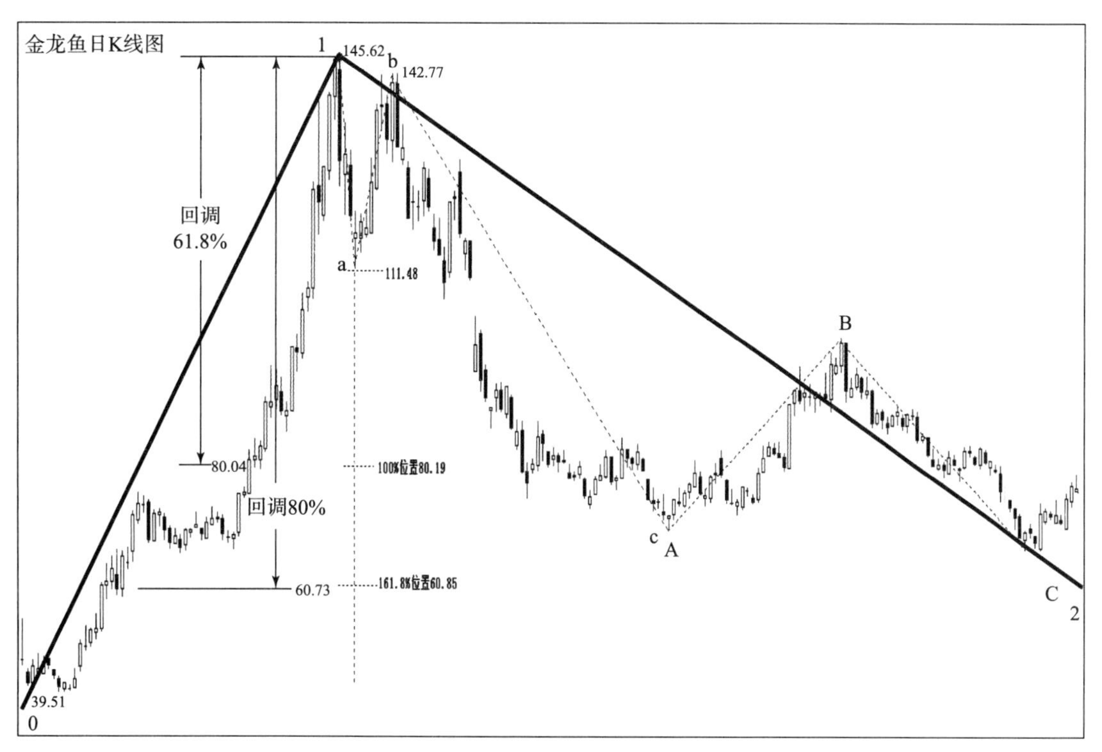

图 6－22　金龙鱼日 K 线图

四、价格与时间共振

如图 6－23 所示，创新药日 K 线图，原始起点 1.021 元，经过 80 个交易日完成 1 浪最高点 1.638 元，从理论计算上讲 2 浪回调不应大于 1 浪的 61.8%～80%，也就是 2 浪回调价格区域应在 1.257 元～1.144 元，实际 2 浪 a 最低调到 1.261 元，2 浪 c 最低调到 1.211 元。

2 浪调整到最低点 1.211 元，用时 77 个交易日，调整价格空间与调整时间都基本在理论计算空间与时间之窗上，调整价格与调整时间产生一致性和谐共振。再往下看一下，在调整时间之窗接近 1 浪的 2 倍时，3 浪 ⅰ 中的②浪出现了一个历史性跳空缺口，这也是价格与时间之窗共振的表现。前面讲过时间之窗种类很多，价格运动规律遵循哪种时间之窗，不确定性很大，主要跟主力资金的性格有关系。这里用的是 2 浪举例，2 浪调整时间有时候很长，时间过长还能演变成 B 浪，正常 2 浪的调整时间经常在 1 浪运行时间的 0.618、1.000、1.618 和 2 倍。如果 2 浪调整时间小于 1 浪的 1

倍，表示主力资金强势，成为真牛的概率比较大，可以积极参与。

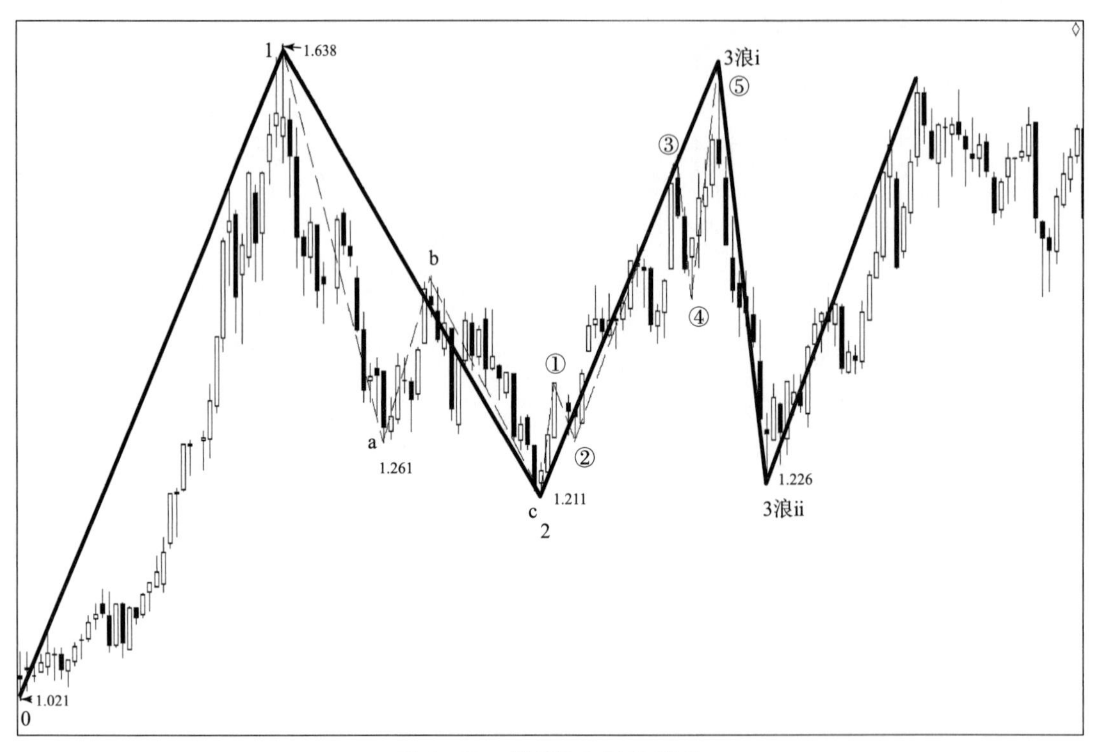

图 6-23　创新药 2 日 K 线图

五、5-3 结构与一致性获利 MACD 指标

一致性获利 MACD 最早出现在《混沌操作法》一书，目的是利用一致性获利 MACD 消除波浪理论在划分细节上模棱两可现象。《混沌操作法》是一整套几乎完美的金融投资思想、交易策略和进出场信号。读者有兴趣的话可以去看一下这本书。下面我们讲一下其中的一个重点问题。首先锁定 MACD 的参数为（5,34,5）。

一致性获利 MACD 指标主要有三项功能：一是判断第 3 浪的峰位；二是判断第 4 浪的终点或者是判断第 4 浪结束的最低条件是否满足；三是判断趋势结束和第 5 浪的高峰值。

（1）判断第 3 浪的峰位。3 浪是加速度浪，MACD 峰值是上涨中最高的（在下跌行情中峰值是最低的），其中 3 浪ⅲ与 3 浪ⅴ会形成 MACD 的单背离，中间 3 浪ⅳ的 MACD 是不能回到零轴。

（2）判断第4浪的终点或者是判断第4浪结束的最低条件已经满足。4浪是3浪加速度浪之后的调整，时间会超过加速段中的所有调整时间，4浪调整结束MACD的最低条件是回零轴。

（3）判断趋势结束和第5浪的高峰值。5浪MACD的指标会与3浪形成一次背离，并且中间的5浪MACD回到零轴，同时5浪中的ⅴ浪与ⅲ浪之间也会形成一个小背离。

3浪ⅲ与3浪ⅴ形成MACD的一个单峰背离，5浪ⅴ与5浪ⅲ之间也会形成一个单峰背离。所以，5浪与3浪之间会形成MACD双峰背离现象。

如图6-24所示，起始点是2019年8月19日9.70元。3浪ⅲMACD峰值是上涨中最高的，3浪ⅴMACD峰值低于3浪ⅲ，形成股价创新高MACD峰值缩小的背离现象。4浪调整结束MACD回零轴，5浪ⅴMACD峰值低于5浪ⅲ，也同样形成股价创新高MACD峰值缩小的背离现象，5浪MACD峰值低于3浪MACD峰值，5浪MACD形成双峰背离现象，判定5浪结束。

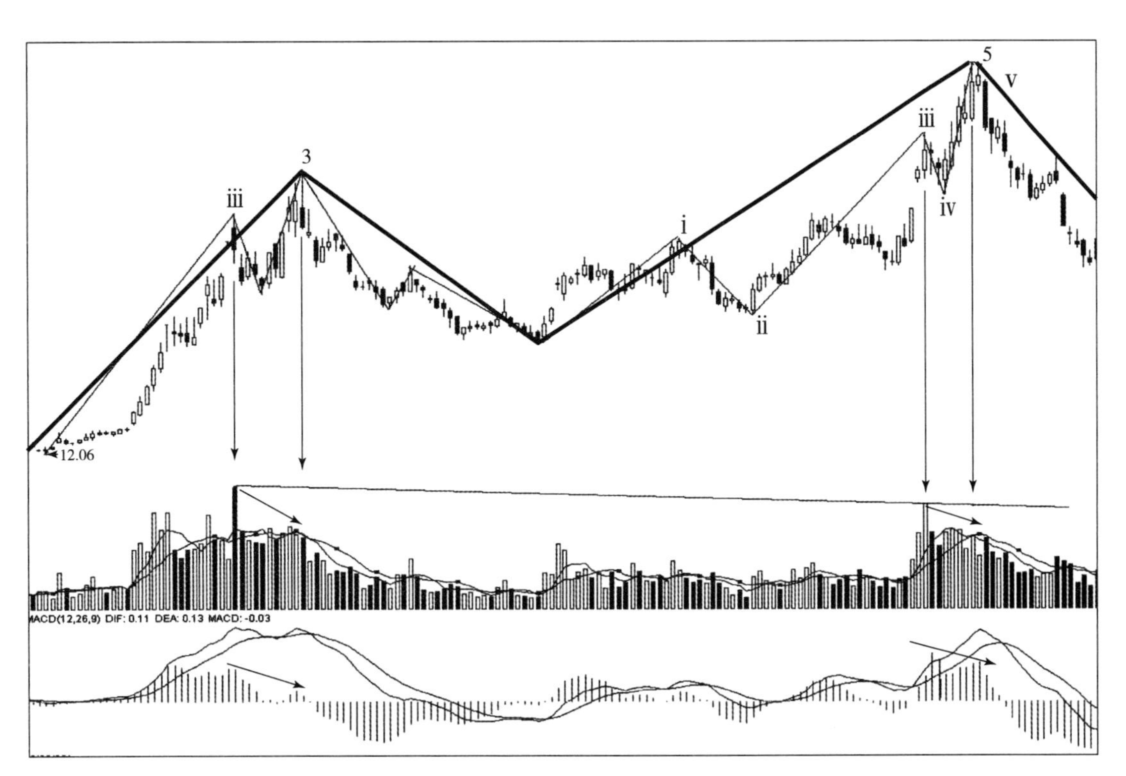

图6-24　航天彩虹2日K线图二

第九节 应用缠论线段划分波浪 5-3 结构

缠论博大精深，充满智慧。缠论不仅能改变我们的交易逻辑，甚至还可以改变、完善我们的生活。缠论的简约、高效能帮助投资者快速建立起自己的交易体系。从分析到操作，各个环节的问题都能通过这套体系而得到有效的解决。缠论主要分两部分：主观意识上，讲究对大局趋势进行全方位分析，无为顺应、跟随大势；操作行为上，强调做好当下，仔细关注转折点的变化，重点是做好应对——这是技术分析中一个非常重要的思维逻辑，判断理论层次高低，要看谁能包容、解释谁，具体细节不再赘言。

一、笔、线段定义的意义

（1）笔、线段定义。笔、线段是缠论中最基本的逻辑分析单位，笔的定义改变了传统的 K 线分析方法，从理论上更加客观、完整地描述了价格走势的逻辑性，笔的定义是道氏关于趋势理论的具体应用体现，笔是价格最小趋势的描述。

（2）笔、线段的意义。笔的定义：顶（底）分型 + n（$n \geq 1$）根 K 线 + 底（顶）分型，具有定量化性质，使得趋势的划分也进入定量化阶段。我们将线段的概念引入波浪理论中，用缠论中线段的概念划分波浪，波浪的划分将更加标准、明确，同时，也会大大增强对价格形态的认识。

二、线段在划分波浪上的意义

缠论不仅是一套技术分析体系，而且还是一个完美的交易体系，它是从价格的底层构建逻辑开始，从一分钟级别开始，逐级构建生长，生长逻辑统一、完整。缠论的规则可以将所有走势纳入其中，可以其大无外，其小无内并进行分析。

笔的概念保证了缠论对市场描述的完整性、客观性、可复制性，而线段是缠论分析体系中一个不可逾越的环节，线段是缠论中构筑走势类型的最小单位，也就是说，线段是描述趋势的最小单位。应用缠论中线段的概念划分波浪，波浪的划分将更加标准、明确。

三、缠论的唯一性

技术分析发展到今天，市场上的各种书籍不下几千种，但没几本好书，标题党的比较多。具有逻辑、完整、系统性的理论的书籍也就那几本，其中传统的包括道氏理论、混沌理论、波浪理论、江恩理论。进入 20 世纪随着大型计算机的应用，美国兴起定量化模型分析、交易系统，近几年国内大多数机构交易者也都在用这种交易方法，当然小散户是用不起的。在定量化交易方面缠论是最基础、最好用的理论，缠论的原名叫“市场哲学的数学原理”。

（1）缠论对价格的描述具有唯一性：对于同一段走势，只要都是用缠论来描述分析，那么无论谁来定义它都是唯一的。

（2）缠论基本概念与学习思路：如果你真学懂弄通技术分析理论，无论是哪一种分析理论，你看市场，看行情的走势，就如同看一朵花的开放，见一朵花的芬芳，嗅一朵花的美丽，一切都在当下中灿烂；K 线走势图就不再是天书，而如同你的掌纹一样清晰可辨。

高手讲，股市如同提款机，时机到了，就去提款，时机不到，就让资金搁在那，很多人是冲这来学缠论的，想把股市当成一个提款机，结果发现自己学了两三年缠论，还是不得其法，更没提到款，很疑惑。

实际上，我想告诉大家，缠论讲的是价格生长逻辑，学习缠论主要是学习这种交易思想，如对市场当下的分析，强调的是全方位分析，注重的是如何应对当下市场变化，而不是预测市场未来走势，我们要知道市场的全貌是什么，市场交易的真相是什么。

投资者应该有一个最基本的概念：市场是无常的，涨跌也不是你能预测的。有人会问：“那为什么每天都有人能买到涨停板？”如果你真把这事当成了市场的必然，就犯了一个非常严重的错误，就是你把幻象当成了真相，当成了必然。你学缠论是冲着想学一套精准的抄底、逃顶的方法，是为了精确度更高，稳定性更高，胜率更高才来学的。如果你是抱着这样的心理出发，那你离市场交易的本质和真相就会越来越远，因为，你抓住了一个假象、幻象不放，觉得那是真的。

学缠论应从 K 线→分型→笔→线段→中枢→走势类型→级别……思维逻辑一步步解构市场，呈现市场的原貌，交易的真相。市场的真相是应对，而非预测，这是学缠论一定要知道的，如果你把缠论当成能帮你抄底、逃顶、抓涨停的秘籍、宝典，那就出问题了。所以，对缠论有个正确的认识，才能沿着正确的方向学习，不要因为走错方向而见不到市场的原貌、交易的本质。

四、缠论的中枢定义是定量化交易的基础

（1）中枢定义：中枢是次级走势类型，至少由连续的三个线段的重叠部分构成。起始线段与进入线段方向是相反的。中枢区间由前三个线段的高点、低点构成上下轨，以最窄为原则画中枢。上轨选择线段的高点中的低点，下轨选择线段的低点中的高点。

中枢也有由笔构成的，称为笔中枢。中枢本身没有方向，属于震荡市，完成震荡后，会选择突破方向，突破中枢后回头确认是第 3 类买、卖点，突破方向就是趋势发展方向，中枢震荡时间越长，其间蕴藏的能量越大，突破后的发展空间也相当的大。

（2）由中枢给出的买卖点是定量化交易的基础：缠论对走势的分析是建立在数学模型推导定义的基础上的，通过定义精准客观地描述走势所处阶段，买卖点才能自然生长出来，买卖点是具有客观逻辑性的，不是臆想出来的，缠论的买卖点是客观规律的呈现。

缠论体系所构筑的买卖点以及买卖交易规则，可以不断修正和优化交易者对交易的自我认识。如果交易者不是按照“买点买”“卖点卖”的交易逻辑交易，那又是什么在驱动交易者的交易行为？

将缠论中的分型、笔、线段、中枢以及走势类型等基础概念，应用到波浪理论的浪级划分上能够使浪级的划分更标准、更精准。抛开缠论的分析逻辑，就单纯的经常使用分型、笔、线段、中枢以及走势类型这些定义划分价格结构形态，就可以逐步加深你对价格走势的理解，尤其是你对中枢、走势类型的理解，如果能理解并熟练掌握中枢、走势类型的划分，那

么，你对波浪理论 5－3 结构的理解就会更加深入。理论都是相通的，只有将与技术分析相关的理论基础都理解透，并能达到融会贯通的水平，才能在实践中应用自如，甚至，你自己都不知道应用了哪条理论就能准确判定价格趋势，并作出正确决定，这也就是所谓的无为之境界。

第七章

趋势跟踪交易者行为

任何一位成功者，一定有他自己的行为准则；投资者也是一样，懂技术只是一方面，还必须知道自己的行为是否符合市场准则。

第一节 控制自己的行为失控

一、认知幻觉

趋势跟踪交易者花费很多的时间观察和了解人类的价格交易行为，了解人类的行为和市场的关系，通常被称为行为金融。

行为金融研究的是人与市场之间的互动关系，是从古典的经济理论和现实之间的矛盾中发展起来的，在金融价格交易中，每个人都或多或少会受到一些非理性因素的影响，有些人不愿意承认，但事实上，人们很少做出完全理性的决策。尤其是现代社会，信息量、传播量，如此之大之快，更容易使人找出几条自己喜欢的，来证明自己判断正确。人们更容易忽略市场中人性的本质：贪婪、希望、恐惧和否认、从众行为、冲动和对过程失去耐心，这些倾向越来越明显。这主要源于手机这个传播工具实在是太方便了，太容易了，很少有人去研究问题之实质。这么说吧，一个问题有两种解释，一种是通俗易懂，另一种则是难以理解，一般人倾向于接受后者。人们对金融市场价格的变化，宁愿接受与价格相符的信息，而不愿意接受他们是非理性的，没人去研究信息的真伪，人一旦做出金融价格交易，都愿意找些理由，证明自己是对的，这就是行为金融中比较常见的认知幻觉。

二、抑制自己的行为失控

投资过程中，资产泡沫是市场运行的必然，今天的市场有，过去的市场也有——从 17 世纪郁金香到 20 世纪美国网络公司大崩溃，在新兴市场中尤为严重。例如，A 股 2007 年大牛市产生的泡沫至今都没完全消化，人类似乎不能从投机的狂躁中把握方向，一次又一次地犯着同样的错。

美国有个学者曾对上述现象提出一种理论，称为“前景理论”讲的就是市场狂躁的部分原因是投资者的“控制幻觉”，交易者做出交易时对交易的前景充满幻觉。大多数人非常厌恶损失，以至于会徒劳地做出非理性的决策，来尝试避免损失，这种心态在刚刚获利时，表现尤为突出，一定会卖出。吃口鱼头就已经津津乐道，永远吃不着鱼身。而在亏损时，他们会到处寻找信息来安慰自己这颗心，结果，由小亏变大亏，变全亏！

投资者最大的对手不是他人，而是自己！投资者对市场的认知程度，是盈亏的根本所在。你对自己，对市场的认知程度不够，不是说你就一定亏钱，尤其是刚开始，都能小有斩获，这是因为刚进市场的你，还有风险意识，获点小利你就走人了，几次后，你会认为自己很厉害，胆子开始大了，这时候市场就开始收拾你了。

还有一种投资者，他们自认为懂技术，懂资金管理，买入下跌中创新低的股票，结果市场又创新低，低点不断出现，尽管是分批买入，还是深套其中。究其原因还是不懂技术，在下跌趋势没有改变之前，所谓的低点只是他的臆想，究其根本还是不愿承认最初买入的错误。人心跟股票一样，都是向阻力最小的方向走，因为当他再一次逢低买入的时候，心里有一种占便宜的感觉，而且还有自豪感。

事实上，趋势跟踪交易者和大多数人一样，也有同样的心理状态，只是，他们制定了一套理智、简单的操作策略和方法。他们每一次的买入和卖出，都不是在临时盘面上决定的，都是经过长期分析、研究、跟踪最后才决定的结果。而且，他们告诉自己，不能保证每次买入都是正确，都有止损计划，趋势跟踪交易者唯一的原则就是“让损失最小，让利润奔跑”，在股票投资中即使是资深老手操作上对错各占50%也是高，错的时候要多于对的时候，这是因为人的本性所决定。趋势跟踪交易者之所以能保证长期稳定的盈利，就是因为，他们发现错了，能立即纠正让损失最小，能控制自己失控的行为。

三、成功交易者也需要一个成熟的过程

一个成功的趋势跟踪交易者，最艰难的也就是果敢截断亏损，让利润奔跑！让利润奔跑需要从以下几个方面修行和训练。

（1）交易纪律：成功的交易者需要多方面的知识的积累，和锐利的观

察力，别人的看法与分析，不重要。关键是自己的，对自己做出（投资）决策的能力有信心，在面对困难时，有能力利用新的信息和观点修正自己的看法，有能力在操作中不断学习、总结，尤其是失败的经验。一句话，就是有信心面对改变，能在关键时刻遵守纪律，果敢截断止损单！

市场中，多数人宁愿听别人的建议，也不愿自己花时间去学习，更懒得接受交易所必需的训练，想一想，市场是动态的，别人的建议即使绝对正确，也是有时效性的。你对市场认知浅，没有应变能力，可能一点小的波动，恰好你又听了别人的建议，改变了你的操作及看法，总的说，就像一个墙头草。

（2）客观性：多数人的操作都是凭自己的臆想，过早的卖出了自己的获利单子，但对亏损单却不能及时止损。他们相信到手的钱是钱，亏单早晚能回来，这样直到把所有的单子都做亏为止。究其原因，就是他们的情绪已被价格所左右，处于非理性状态，无法客观地看到正确的趋势。

（3）贪婪：交易者企图抄底或摸底，希望可以在最短的时间，获得最大的利益，对快速获利的渴望，导致交易者看不到取得成功所需要的努力。很多人对钱的欲望是无止境的，这种欲望促使你坠落在情绪交易之中，无法自拔。所以，投资者也必须有正确的人生观和价值观，对钱、对事，都有个正确的认识，才能看到市场的真谛，才能有大局观，心才能静。

（4）价格走在前面：这是技术分析的四大原则之一，你必须相信并承认这一事实，你才能对价格有个仔细、深入的分析研究，才能读懂价格背后的信息，价格也是一种语言。否则你相信价格的变化是由各种利空利多信息引起，你就会在市场到处寻找信息，佐证价格变化的事实，本末倒置，还没出手你已经输了。

（5）价格受混沌支配：混沌是指一种现象，起源于气象研究，现代科学清晰地表明，金融市场价格实际上是由强烈的高阶混沌所主宰，记住这一点非常重要，混沌理论是价格分析的基本原则。在市场待久了，总会感觉市场中有一张无形的手就是这个道理。因此，要注意最大周期的分析。

价格受混沌支配，混沌理论交易思想的 3 个原则：①股价永远朝阻力最小的方向运动，这一点不仅股票市场遵循这一原则，人类、动物、植物以及世间万物都遵循这一原则，这是自然的本质。②在一个确定的系统中（股票市场），价格运动是随机的，是不可预测的。也就是说，长期趋势是不可预测的，只有跟随。③股价对初始波具有极端敏感依赖性，这一点也极其重要，运用这一条可以分析股价运动空间。

最终混沌研究发现，混沌理论仅适用于封闭系统，即没有能量补充，或与外界热量交换的场所。这一点在股价上表现为，混沌时期股价横盘震荡，其方向是不可预测的，当一个外力打破这种格局，股价就会跟随这个外力，朝它所希望的方向突破。

混沌的基本概念还有：过程的有序与结果的不确定性；临界状态；奇异吸引子；缺口原理；反馈原理；对流原理等等，都属混沌体系。

混沌理论对理解市场有深刻的意义，学会、弄懂、理解混沌理论，你就会对市场有个全新的认知与感悟，混沌世界所认可的规律，是人的行为属性，属于自然行为，股价的运动也是大众行为范畴，都遵循自然法则，波浪理论、道氏理论以及江恩理论描述的都是道法自然。

（6）冲动的交易：很多人愿意从报纸杂志、股评和所谓的调研报告中寻找信息买股票，事实上，价格在消息发布之前已经有反应了，如果你以为在消息出来之后买入股票可挣钱，那可能是几天内的事儿，而且，只挣了一点点，之后就可能被长期套。因为，这些消息都是主力刻意选择这个时间发布的，目的就是吸引新的投资者买入。

（7）正确的价值观：当今社会，由于发展太快，有好多人价值观扭曲。这是经济社会发展初期的必然现象，欧美也是这样，随着社会财富的积累，人们又会回到正确价值观的轨道上。如果把钱看得太重，带着暴富的远景进入股市，自己又不懂，到处打听寻找消息，有的天天换股，总想买上就涨板，这种心态实际上，一开始进来就注定亏了。

四、分析与操作是两回事

有这么一句话，越是老司机胆儿越小。我想这句话也非常适合投资市场中的交易者。我自己也是这样，看一下收益曲线就知道，收益比例是逐年下降的。是分析水平逐年下降吗？还是老年痴呆，我仔细想过都不是，而且恰恰相反。技术分析与实际操作是两回事，成熟的技术分析者，对市场的分析是全面的，他不会轻易去选择哪个方案，观察、判断的时间自然就多了一些。操作上喜欢成功率，喜欢确定性，收益逐步趋于稳定性，风险减少了收益自然就下降。

我总是诚实地向所有咨询我的人坦诚：相对于告诉自己如何操作而言，我更善于告诉别人如何操作。这一点很少有人能理解，其实原因很简单：很少有人能够控制自己的情绪冷静地听从自己的建议。做到这一点并非易事，不然的话会有更多的人通过交易发达。告诉别人如何操作，与自己亲自操刀上阵，这是两回事。除此之外，操作自己的钱与管理基金或代客理财之间角度不同，自己的钱与自己和家人的福利息息相关，自然想法就多了一些，交易上迟钝的多。这也不仅是我，我的几位从事专业交易的朋友也是这样，他们能够在承受风险的情况下，每年为客户赚取 100% 甚至更多的利润，但是看看他们自己的交易账户，却很平常，有的甚至某一年会出现亏损。我们也在一起分析过原因，无非有二：①无法与大客户资金规模类似的操作。在收益与风险比相同的情况下，操作自己的资金，风险来临时承担风险的意愿要远远小于操作公募基金；②就是心理因素，客户的资金量大，可买可不买的时候少买点，止损或不止损的时就不止损了，相反会加些仓。而自己的资金，总有激动的时候，以为看准了，加的仓有时就会违背规则多一些，结果价格趋势发生变化，在临界止损点时担心亏损就减仓了。

第二节　情商是交易者成功的潜质

一、情商

我还记得，10 多年前我看过一本书，是情商之父丹尼尔写的一本《情商》，当时深有感触，后来再看一本美国人写的《趋势跟踪》，书中也提到了情商是成功趋势交易者的潜质。我很认同他的观点，有些人智商很高，但是，往往他们都很高傲，自以为是，这样的人，如果做科学家，我想一定能有成就。但是，他们在普通的社会交流，交易中都不会很成功，很少有成为商界精英或社会领导阶层，这就源于他们的情商太低。情商高的人，一般不会逆势而行。正如情商之父丹尼尔说的，获得成功有几个必备的要素，包括自我认知、自我控制、直觉和良好的人际关系等。一般交易者可能不会认为这些特质与他们的交易有什么关系，而趋势跟踪交易者却同意丹尼尔的说法，因为这些特质正是趋势交易者成功的核心。趋势交易者了解自己，能够控制自己在交易中的情绪，从而做出客观的决策。

曾经有人想跟我学习趋势交易，因为非常了解，我委婉地回绝了他，我认为，成功者在哪儿，做什么都能有些成就，而不是怨天尤人，总是看别人好，总想凭空发大财，世界上任何人的财富，都跟他对这个世界的认知有关，你可能运气好，短时间可能暴富。但是，如果你对世界，对钱的认知不够，多少财富也是守不住的。这种例子比比皆是。

早在 1000 多年前，就有“知己者智，知人者明”的智慧，自我认知就是要了解自己、知道自己的人生目标、人生价值所在，并在实践中积极实施、不断修炼、完善自己。中国的学者自古就有“不为二斗米折腰”的傲骨。说到这儿，可能又有人说，胡说八道。事实上，这么想的人多了，也因此，他们不会成功。在股票交易中，制定策略，执行计划，尤其是止损计划（股民称为割肉）内心受煎熬，行动执行是困难、痛苦的，那些对自己认知不够、无担当、不认错的人是永远做不到的。

二、延续满足感

趋势跟踪交易者从建仓到获利，卖掉股票的唯一原则是趋势结束，持获利仓更需要智慧，很多人在股票刚刚上涨时稍有调整就卖掉，美其名曰到手的钱是钱。趋势交易者会延续这种满足感，愿意克制立即获得满足的欲望，暂时忍受未能满足的煎熬，以换取日后更大的满足。这源于两方面，一是他们通过理性客观的分析，大概知道趋势的发展目标，二是，趋势交易者在价格没有破坏趋势，没有发出卖出信号时，是不会卖出的。人对恐惧和占有欲望的克制，不是压制自己的情绪，而是在了解自己这种情绪的情况下，学会自我调节。自我控制的另一个原因是他们心中有数，对价格发生意外有预案，能够有效修正计划，也就是说有能力控制局面。

三、把追逐成功立为座右铭

只是简单学习交易规则，并不能激发一个人，也不会使他的交易获得成功，用趋势跟踪做交易必须把追求成功当成习惯。

第三节 如何制定决策

趋势跟踪交易者做交易决策的方式和大多数的交易者截然不同。也许你已经猜到了，这是一种很简单的方式。交易者每天都要处理许多复杂又相互矛盾的市场信息，没有多少时间思考决策的结果。虽然他们知道正确的决策应该基于实际的数据，但是，他们只有有限的时间，在做决策准备时都会感到困扰，因此，他们会选择回避。这样他们难以自行决定，或者让其他人替自己做决策。

行为金融领域中的研究者——特伦斯·欧迪恩（Terrence Odean）使用轮盘赌的例子来说明决策的难度。他认为，在你玩这个游戏之前，即使你知道过去 10000 次的结果，知道轮盘赌的轮子是什么材料制成的，知道 100 个其他各种数据，你仍然不知道什么是真正的结果，不知道球会停在哪里。

一、决策力与执行力是最重要的

趋势跟踪交易者控制他们所能控制的事物。他们知道自己能承受多少风险。他们测量价格波动，了解与交易有关的交易费用。重要的是，他们也知道自己仍然有很多不知道的事情，在面对不确定的因素时，他们“挥动球棒”当机立断。决策的能力是他们的交易哲学的核心。决策技术可能看起来很简单，但是，你要了解趋势跟踪的投资原理，必须先掌握其思考框架。趋势跟踪者用棒球来比喻趋势跟踪的决策模式，就是决定是否该挥棒击球，当球从投手手中投出，快速朝击球区飞过来时，你到底该不该挥棒？如果这个球在你掌握之中，那就应该出手一击，但一定要当机立断，因为比赛中充满不确定性，如果等到所有信息都明确的时候，那就早已错过了挥棒的时机。

二、寻求简单（奥姆剃刀原理）

在一个复杂的现实世界中，面对挑战时，做出正确的选择是很不容易的。在古时哲学家就已经在思考这个问题，如何在有限的时间内做出简单、明确的决定。尽管这个决定不一定是正确的，也需要你必须做出决断。在任何一门科学领域中，只要有新数据需要新理论来解释，就会出现各种假说。其中有些在经过研究后，被证实无法成立，其他可成立的假说，推论出来的结果也许会一致。但是，还会存在不同的潜在假设。为了要在相似的理论之中选择，科学家有时使用奥姆剃刀原理。奥姆剃刀是由 14 世纪伦理学者威廉·奥姆提出的一种原理。这个原理是：如无必要，勿增实体（如果解决办法类似，选择简单的那个）。它是所有的科学模型和理论建筑的基石。对这个原理的通常解释是，两个或多个竞争理论是较适合的。而且，要解释未知的现象，首先必须根据已经知道的东西去做尝试。奥姆剃刀不保证最简单的决策将会是正确的，但它将重心放在应该注意的事情上。依据单一信息快速决策，在认知科学的领域和经济学中，总是，假设最好的决策，有时间和能力处理大量的数据。

三、快速而简洁的决策

趋势跟踪交易者，为了要做出决策，只根据价格数据和波动性。理由是，认为自己不能预测未来，我不是专家。事实上，我们之中的任何一个人，都不是专家。因此，我必须做的是，当我见到重要的数据的时候，能够像专家一样快速行动。只看价格！因为价格反映大家的期望。我们尽快地发现适当的信号，以便可以限制风险和创造机会。我们使用某种意义上的简洁，运用简单的启发式思考模式，即：只看价格——很简单！就像非线性的模型或者有些人描述的突破系统一样。利用价格来进行交易决策。交易者对复杂的现象分析得越少，做出的交易决策越少，他们做得就越好。许多人错误地认为，简单的方法意味着没有经验，然而，研究者发现，简单的决策方法，胜于复杂的决策流程。我们使用简单的决策，应付这个复杂的世界。

当我们做决策的时候，相信我们的第一直觉，这是通常的选择。如果考虑我们的选项或替代选项，或试着用其他方法，我们会做出错误的决策，或用相当多的时间才做出决策。当环境快速变化的时候，快捷的启发式思考，是指导我们在具有挑战性的领域中实施操作行为的最好模式。如在股票投资中，当价格快速变化时，快速决策。反应迅速的人可以获得优势。在关键时刻跟踪交易者只想知道“该做什么”，而不是想“弄明白”该怎么做。事实上，在交易时你可以做出决策，不需要知道所有的事实。因为你不能预见市场如何变化，到了变化的时候或已经发生变化，再决策已为时晚矣。

例如，你或许对自己说，我应该在这里买入，然后在那里卖出。但是，你没有办法预测未来！相反，在趋势方向显现之前，你一定要尽早行动，在大多数人从报纸杂志上得到相关信息之前，就先做好准备。

行情或许是反直觉的。但是，在复杂的世界中，决策必须在有限数据和一定的时间内做出！没有时间考虑替代的选择。人们通常有把事情变得太复杂的倾向。趋势跟踪本来就简单，但是很少有人愿意相信简单的事情能挣钱。趋势交易者成功的原因，是能够集中注意力、严守纪律，坚定执行计划——这是趋势跟踪交易的精华所在，然而，不是每个人都同意快速而简洁的。股票市场充斥的各种消息，价格反映的是人性。这就是为什么世界上，任何领域都是少数人成功，这个法则从来都没变过，自我修正对人来说很困难，人和自然都是一样，总是向阻力最小的方向发展。

四、交易者需要思考的问题

（1）深入地挖掘，什么是真正的问题，不要问毫无头脑的、容易的表面问题。

（2）清楚地表达为什么要问这样的问题。我们需要完全的诚实，这样才可能找到真正的答案。

（3）更清楚地分析各种信息，如果以前的认知不对，还有机会改进。

（4）要了解我们自己的问题。

（5）要面对现实。

（6）了解自己对世界的主观态度，吸收新的客观信息。

（7）了解我们问这种问题的目的。

（8）我们或许错过了原先可能忽略的重要的细节问题。

趋势跟踪交易者，对现在所发生的事情有好奇心。他们不会因为问题的答案对他们不利就不发问，也不会为强化自己原本的认知而发问，更不会问没有意义的问题，或接受没有意义的答案。他们不仅愿意提出问题，也不介意所提的问题可能没有答案。遗憾的是，大多数人不会提出具有批判性的问题。因为他们不知道内容的真正含义，所以他们问的问题经常是表面的和不切实际的。他们经常问没有意义的问题，例如，这股票什么时候涨，涨多少等等，他们不愿思考。真正的趋势交易者，面对批判会刺激他们的思考，进而能提出更多的问题。当然，要解除传统的“机械性思考”也是一件很难的事，而主动思考的方法就是进行心智上的人工呼吸，让沉寂的思想复活。

重点总结：

（1）要提升自己提出正确问题的能力。

（2）趋势跟踪策略在钟形曲线的边缘上赚钱。

（3）人们错误地看待“正常”的事件，认为它是“罕见的”。

趋势跟踪交易者认为，机会将“校正”一系列“罕见的”的事件。他们看见“罕见的”的事件，认为它是“正常的”。并且经常认为，特别真实的事件是必然的，特别不真实的事件是不可能的。

五、交易决策的制定

首先，要分析大势处于什么位置，你手中的股票处于什么位置，然后才能制定适合市场的交易决策。交易决策与个人性格、喜好都有关系，也需要因人而异，总之，适合自己的才是最好的——在以后的技术分析中，再分别讲解不同情况下交易决策如何制定。

六、本节小结

（1）快速简洁的启发式思考是“经验法则”的另一种说法。趋势跟踪就是这么做的。

（2）不要视单纯为不成熟的思考。

（3）越靠近科学，就会发现直觉并不是天赋，而是技术。像任何技术一样，你可以学习。

（4）奥姆剃刀。如果你有两个解决问题的办法，选择最简单的那个。

（5）大胆的决策人有一个计划，并且执行它。在执行过程中，如果有变化，他们制定的计划可以被灵活地调整。

第四节　依趋势而行，守规矩而盈

所有进入资本市场的人都是带着赚钱的目的而来的，然而，百分之九十的人都带着亏损离去。投资真的那么难吗？投资说简单就简单，说复杂就复杂，简单的是只要能够“发现趋势，跟随趋势”，一切就行啦，复杂的是投资者的心。记住，只在万事俱备时进场，在风吹草动时离场，管住自己的手和心，只做高胜算的交易。没有信仰，没有规矩，不守时，不守规，靠运气终究难成大事。

一、发现趋势，跟随趋势

第一步，就是如何准确地发现趋势。

首先说什么是趋势？价格的波动，要么形成趋势，要么形成区间。也就是所谓的趋势市和盘整市。在趋势市之中，趋势就是一股不可遏止的冲动。不要试图去阻止它。从时间周期上来看中长线操作，周线的趋势代表中长期的大趋势，它不是主力可以左右的，而是由基本面决定的。

小时线、30 分钟线和 15 分钟线是日内交易的指南针，短线交易是高手所为，不懂技术分析就依大趋势行事。短线交易需要有属于自己的交易系统及交易方法，需要强有力的执行力，否则会丧失机会或遭受严重损失。短线交易的前提是你必须有一套经得起时间和行情检验的高胜算交易系统，看准趋势才重仓出击。

所有的趋势都是基于一定的时间框架而言。离开特定的时间框架谈趋势，就有如空中楼阁、海市蜃楼。顺势而为，就是混沌理论中所说的七个字——想要市场想要的；逆势而为，就是混沌理论中所说的八个字——想要市场不想要的。

二、技术核心要素

技术分析的核心在于两个方面：各个时间周期的趋势共振；背离和突破。理解了共振、背离和突破这六个字，就理解了技术分析的精髓。共振就是多方面达到一致性，背离就是发生分歧。

有的人一叶障目看不见森林，顺应大周期的趋势入市，却在小周期的趋势中倒下。没有时间的共振就绝不是顺势。有的人对背离如数家珍，却不明白顶背离之上还有顶背离，底背离之下还有底背离。离开突破谈背离，背离就一无所用。所以，对指标概念要仔细研究，正确使用才行。所有大级别的反转行情，一定存在背离。但背离出现的本身，却并不意味着反转的必然。背离只代表着原有趋势的转弱，而不是转势。但是背离的同时如果得到趋势突破的验证，就是一个高胜算的交易机会，趋势是最重要的。

另外，适合自己的是最重要的，每个人由于性格习惯以及操作理念不同，有人有时间，有人没时间，操作股票不可能都千篇一律，只有一个方法。每个人必须根据自己的实际情况，总结出一套适合自己的、规范的交易方法和体系，才能在市场中达到稳定盈利的目的，适合自己才是最重要的

投资盈亏的本质不只在于胜算，而是在于大的盈利加上小的亏损，不怕操作失误，就怕亏了就放那不管，一味地等待解套，盈利一点点就乐呵呵地跑了。让亏损奔跑，限制利润是炒股大忌，这主要是由心理因素所决定的。投机交易有三宝：好心态、好眼光、好技术。心态代表着让自己内心安定的力量；眼光代表着思考力，对宏观经济和基本面的趋势分析和思辨能力；技术代表着对价格细节微观的判断能力，对具体价格走势中，量价时空的判断能力，着重细节。

三、看对做错的原因

看对做错是常有的事。在大级别的趋势中看对趋势入场，在小级别的波动中定力不够被迫止损出局，这关乎心态和眼光。大的行情和趋势人人都看得懂，但能否做对完全是另外一回事。到一定的境界后，技术只是一种工具，而心性的历练才是方向。悟性和修为远比技术本身重要。在这个

注定大多数人亏钱的投机市场，没有可靠的交易系统不行，但对交易系统本身的执行力更为重要。交易的核心在于你出手的时候有几分胜算。交易是一种概率的游戏。

即使在高胜算的模型交易条件下入场，也需要有止损保护才可能应对误判。

在一些特定的技术图形之中，有一些图形涨跌的趋势力量很强，惯性很大。而技术分析的目的，就是培养出一双火眼金睛，可以在无数的骗线操作中找出胜率很高的交易机会。不管是大主力还是散户，都只能在低买高卖中赚钱。谁也不可能通过高买低卖来赚钱。主力可以做出数不胜数的骗线，设计防不胜防的陷阱，但他也只能在低买高卖中才能盈利。同样的价格有人看多有人看空，多与空总是处在平衡之中。盈利的关键是，你遵循的是什么时间周期的什么趋势以及你是否站在与趋势相同的方向。

四、亏损的根源

亏损的根源不外乎三种情况：一是在同一次进场和离场的交易中，混淆了不同的时间周期的趋势波动。很多情况下是看对做错。二是出现了趋势的误判。这属于看错做错的情况。最后就是习惯性裸泳，没有设置任何止损的交易。

趋势总是在一定的时间框架之内客观地存在。寻找并确定趋势方向，从长周期往短周期找。周线找不出趋势就去日线找。日线找不出趋势就去60或30分钟K线找。趋势总是客观存在，只是缺少发现。我们不能改变趋势，但我们可以发现趋势并顺应趋势。就技术本身来说，明明白白的亏损，有时候比糊里糊涂的赚钱要好。随意性和情绪化是交易的两大致命的因素。胜算的多少，在于趋势惯性的大小。选择强大的趋势惯性形成的时候入场，胜算就会提高。最后还有一条，交易系统越简单越好，简单的东西用到极致，就是高手。